深巷重门
——徽州社会"家风文化"传播研究

路善全 著

江苏凤凰美术出版社
全国百佳图书出版单位

图书在版编目(CIP)数据

深巷重门：徽州社会"家风文化"传播研究/路善全著.—南京：江苏凤凰美术出版社，2021.9
ISBN 978-7-5580-9257-2

Ⅰ.①深… Ⅱ.①路… Ⅲ.①家庭道德—研究—徽州地区 Ⅳ.①B823.1

中国版本图书馆CIP数据核字(2021)第180477号

责任编辑　王左佐
助理编辑　唐　凡
责任校对　许逸灵
封面设计　焦莽莽
责任监印　唐　虎

书　　名	深巷重门——徽州社会"家风文化"传播研究
著　　者	路善全
出版发行	江苏凤凰美术出版社（南京市湖南路1号　邮编：210009）
印　　刷	盐城志坤印刷有限公司
开　　本	787 mm×1092mm　1/16
印　　张	9.5
字　　数	212千字
版　　次	2021年9月第1版　2021年9月第1次印刷
标准书号	ISBN 978-7-5580-9257-2
定　　价	68.00元

营销部电话　025-68155661　营销部地址　南京市湖南路1号
江苏凤凰美术出版社图书凡印装错误可向承印厂调换

目 录

绪 论 ……………………………………………………………………… 001

第一章 基本概念界定 …………………………………………………… 007
第一节 徽州及徽州文化 ……………………………………………… 007
第二节 家、家庭、家族及宗族 ……………………………………… 012
第三节 家风、文化、家风文化 ……………………………………… 016
第四节 儒学、朱子理学与新安理学 ………………………………… 020
第五节 传播学、传播生态学 ………………………………………… 027

第二章 明清时期徽州社会的精神明灯 ………………………………… 036
第一节 朱熹的徽州情缘 ……………………………………………… 037
第二节 举家入闽 ……………………………………………………… 040
第三节 创办"五夫社仓"与书院 …………………………………… 043
第四节 朱子理学与徽州社会 ………………………………………… 048

第三章 明清时期徽州社会传播生态与家风文化的传承发展 ………… 051
第一节 传播外生态与家风文化传承发展 …………………………… 051
第二节 传播内生态与家风文化传承发展 …………………………… 060
第三节 传播新生态与家风文化传承发展 …………………………… 066

第四章 家风文化传播机制、路径及理学教育价值 …………………… 071
第一节 徽州社会家风文化传播机制 ………………………………… 071
第二节 徽州社会家风文化传播路径 ………………………………… 073
第三节 朱子理学的教育价值 ………………………………………… 075

第五章　徽州社会家风文化价值体系与民间日用 ······················ 083
　第一节　徽州社会家风文化的观念体系 ······························· 083
　第二节　徽州社会家风文化的实践品格 ······························· 092
　第三节　徽州社会家风文化的民间日用 ······························· 099

第六章　明清时期徽州社会家风文化的当代价值 ······················ 105
　第一节　徽州社会家风文化的观念体系的当代价值 ··················· 105
　第二节　徽州社会家风文化的实践品格的当代价值 ··················· 108
　第三节　徽州社会家风文化的日常呈现的当代价值 ··················· 110

附件一：雍正休宁《茗洲吴氏家典》之——家规八十条 ·················· 114
附件二：万历休宁茗洲吴氏宗族家规 ····································· 119
附件三：文堂乡约家法 ·· 123
附件四：徽州部分历史人物资料 ··· 132

参考文献 ··· 140

后记 ··· 146

绪　论

习近平总书记指出:"家庭是社会的基本细胞,是人生的第一所学校。不论时代发生多大变化,不论生活格局发生多大变化,我们都要重视家庭建设,注重家庭、注重家教、注重家风。"[1]"家风好,就能家道兴盛、和顺美满;家风差,难免殃及子孙、贻害社会。"[2]

天下之本在国,国之本在家。家风是特定家庭或家族日积月累并不断传承的,孕育家庭、家族成员思想、品德行为及精神的规范。它世代绵延,薪火相传,使家庭、家族风尚持续化、日常化、生活化乃至文化化。本研究立足于明清时期徽州一府六县的历史文献以及田野调查成果,挖掘和阐发明清时期徽州社会以家庭或家族为基础建立的"家风文化",探讨徽州"家风文化"的主要构成、日常呈现、传承发展和当代价值。通过"家风文化"呈现徽州人民在生产生活中形成和传承的核心世界观、人生观、价值观,以及在明清徽州社会中所起到的独特作用、所产生的深远影响。这不仅使我们深刻认识到传承发展"家风文化"的必要性和重要性,认识到优良的"家风文化"对于促进个人发展和推动社会进步的双重价值,而且为我们努力实现中华优秀传统文化的创造性转化和创新性发展,提供了实践依据和理论指导。因而,研究、继承、传播、发展和弘扬跨越时空、富有永恒魅力、具有当代价值的"家风文化",古为今用,推陈出新,必要且刻不容缓。

一、研究现状

目前学术界直接研究"家风文化"的成果比较少,研究明清时期徽州社会"家风文化"的则凤毛麟角。经检索和查询,目前与本课题相关的研究成果,主要集中在以下四个方面:

徽州社会道德传统与家庭言传身教研究。张珍珍、段蓓蓓在《优秀道德传统与实践路径研究》(《河南科技学院学报》,2021年第1期)中以明清时期徽州族规家训为例,认为:明清时期的徽州是一个宗族社会,很多世家大族都制定了族规、家训、家教、家规等。在这些族规家训中,对宗族子弟从修齐、为官、从商等方面,提出了立志、勤俭、行善、贾而好儒、以义为本、廉洁奉公等道德要求,并提出了通过养正于蒙、勉学读书、兴学重教等实践路径普及与教

---

[1] 习近平. 不论时代发生多大变化都要重视家庭建设[EB/OL] [2015-02-17]. http://politics.people.com.cn/n/2015/0217/c70731-26580958.html.

[2] 习近平. 在会见第一届全国文明家庭代表时的讲话[EB/OL] [2016-12-12]. http://www.xinhuanet.com/politics/2016-12/15/c_1120127183.htm.

化子弟道德。通过对明清时期徽州族规家训中的优秀道德传统与实践路径的研究，对今天汲取优秀道德传统、实现立德树人以及建设文明家庭、树立良好家风有着积极的意义。张金俊的《清代徽州宗族社会的道德控制》(《安徽师范大学学报》2007年第6期)指出：清代徽州宗族立足于儒家文化和程朱理学的道德大传统根基，对民众的道德小传统不断加以引导和清理，实施了对乡村社会的有序控制。宗韵的《从文献资料看明清徽商家庭内的言传身教》(《江淮论坛》2007年第2期)一文，认为明清时期的徽商家庭在采用耳提面命和尺牍传教两种方式对子弟进行"言教"的同时，又极其注重"正身率下"，既突出言传的艺术性，又讲究身教的规范性，是善于教子的古代商人群体。

徽州乡村治理与宗族族长等的权力控制研究。刘伯山、叶成霞的《长三角一体化背景下的乡村治理——传统徽州乡村社会治理机制的价值与意义》(《对学术界》，2021年第3期)认为：长三角地区的乡村在社会构成上具有同质性，即皆是注重血缘关系的宗族社会；在意识形态上具有同属性，即皆有儒家文化的厚实沉淀；在社会建构上具有同构性，即所进行的皆是礼仪之邦的伦理打造。如此乡村共同体的存在，可望在乡村社会治理上构建出共同的模式，以此夯实乡村振兴的基础。而传统徽州乡村社会的治理，有一个产生于徽州社会内部的自我调节机制，在"礼仪之邦"的前置优势下，本着"礼法兼治"的原则，分三道程序来化解和解决社会的矛盾与纠纷，即当事者凭中人协商以议约的方式和解、寻求调解与仲裁、鸣官诉讼。如此分级分层的一整套方式，所能解决的问题几乎涵盖了中国传统乡村社会所能产生矛盾与纠纷的全部，且在每一步的解决上都本着"礼法兼治"的原则，"情理"与"法理"皆备于其中，实现自治、法治与德治的内在结合。在长三角一体化发展的大背景下，在坚持和发展好"枫桥经验"的前提下，总结与探讨传统徽州乡村社会治理的方式与机制，寻求其在新时代的"创造性转化和创新性发展"，或许能发现其在长三角地区乡村治理上的模式价值和意义。宋杰、刘道胜的《乡约与清代徽州基层社会治理》(《原生态民族文化学刊》2020年第3期)认为：由明至清，设置乡约是国家对基层社会治理实施的一项重要举措。有清代，徽州地方官府承袭明制推行乡约。基层职役定期周历城乡宣讲圣谕，地方精英积极参与宣教，将官府推行的乡约规条与民间基层组织或族规家法有机结合。清代徽州乡约制度的有效实践，一定程度上稳定了基层社会秩序，加强了地方官府对基层社会的治理。陈瑞的《清代徽州族长的权力简论》(《安徽史学》2008年第4期)、《明清时期徽州宗族中的房长及其权力》(《安徽大学学报》2010年第6期)指出，族长对宗族内外事务拥有较大的控制权，族内制度对族长制定了防范、惩罚措施，这有利于遏制宗族自治中的不利因素；徽州宗族中房民有族内行政事务管理权等，一旦发生闪失，要负一定的责任，这有利于徽州宗族沿着稳定有序的轨道向前发展；其另有论文《明清时期徽州宗族内部的伦常秩序控制》(《江海学刊》2009年第3期)、《明清时期徽州宗族对族人的职业控制》(《安徽大学学报》2008年第4期)

认为,徽州宗族通过设置排行、实施惩罚、主动宣传效仿封建政权制定的相关法律条文等各种途径,对族人的伦常关系和族内伦常秩序进行规范和控制,通过宗族法的制定与执行等途径,要求族人从事士、农、工、商本业,反对族人从事贱业或恶业。

徽州族规家训与村落教化研究。陈雪明的《明清徽州族规家训中的"好人教育"理念及其当代启示》(《地方文化研究》2020年第4期)强调:明清徽州宗族在治理本族和管理地方的过程中总结了很多规范,逐渐形成了文字性的族规家训,其中的"好人教育"理念从对自我应严于律己、对家人应爱敬同行、对邻友应和睦信义、对社会和国家应奉献守法四个维度来教育族人做一个"好人",这对当地宗族的和睦、地方的安宁有着重要作用。在践行"好人教育"的过程中,徽州宗族尤为重视蒙童时期的教育以及奖罚分明和良好教育环境的构建,这对我们当下的"立德树人"教育有着重要启示。程李英在《论明清徽州的家法族规》中认为徽州地区的家法族规对于维护社会的稳定,保证家族的兴旺发达起了不可磨灭的作用。刘春梅的《历代家训与古代家庭教育的价值取向》(《河南师范大学学报》2002

黄山迎客松。黄山为天下第一奇山,世界文化与自然双重遗产。传说轩辕黄帝曾在此炼丹,故名为"黄山"。(路善全 摄)

年第5期)一文指出:中国历代家训自始至终都是以封建伦理道德作为教育的最高价值取向,应予以肯定的积极方而有修身、齐家与治国相结合,重爱国主义教育。郭云风的《清徽州村落教化的形式及特点》(《淮北煤炭师范学院学报》2008年第5期)描述了明清时期徽州村落教化的多样形式,如祠堂、族谱、学校、乡约等,认为这些形式对徽州村落文化的形成产生了深远影响。

明清徽州家庭研究。主要有明清宗族、家族中家庭结构与规模的研究,以此分析家庭结构变化和家庭结构与宗族发展关系;婚姻制度、缔结方式、择偶标准等与家庭生活关系的研究,论述婚姻与家庭、宗族之间存在的互动关系及发展机制;家庭经济形态、经营方式等与家庭成员地位与权利的研究,还原明清时期徽州家庭的日常经济生活实态;城市妇女、乡村妇女的家庭生活及其女性观念变化的研究,从妇女文化研究的视角,阐释了女性作用、地位的改变及家庭生活伦理的变迁。

上述研究,涉及了"家风文化"的一些侧面,确实对徽州社会"家风文化"的相关影响因素进行了有益的探索。但总的看来,研究成果相对于徽州社会"家风文化"的针对性、系统性尚不够,对明清时期徽州社会"家风文化"的生态、内涵构成、传承发展、当代价值等缺乏整体而微的把握,因而,徽州社会"家风文化"的传承发展、当代价值等方面的研究,尚有非常广阔的空间。

二、研究意义、思路方法

徽州文化是区域文化,地方特色明显,深深植根于中国优秀传统文化沃土,是公认的中国明清时期封建社会文化的典型标本。宗族、家族或家庭关系是传统徽州社会的基本社会关系。本课题着眼于明清时期徽州一府六县的田野调查情况以及历史文献资料,细致入微地挖掘和阐发明清时期徽州社会以家族、家庭为基础建立的"家风文化",探讨徽州"家风文化"的传播与内容体系、传承与发展、当代价值等,以及在明清时期徽州社会治理与变迁中所起到的重要作用和所产生的深远影响,开展研究与探索,这不仅使我们深刻认识到构建和谐家庭、家族、宗族关系的必要性和重要性,以及对于个人发展和社会发展的双重价值,为我们当前努力实现中华传统文化的创造性转化和创新性发展,提供了很好的历史依据和理论指导。

本课题着眼于真实全面地梳理明清时期徽州社会"家风文化"的发生发展的源流脉络、内容构成、传承发展、历史和现实呈现,指导阐述徽州社会"家风文化"的核心价值、"家风文化"的创造性转化和创新性发展及其理论与实践意义。

本课题采用系统分析与个案分析的研究方式,注重原始文献资料的收集整理,并结合田野调查的"实地观察法"和"访谈法",汇整资料综合分析,提出研究发现,深化前人的论述,使研究更具理论意义和现实价值。

三、基本内容

明清时期徽州社会家风文化,一方面是以徽州家风表现为核心而形成的非物质文化的总和,具体指徽州社会家庭或家族或宗族的,弘扬中华传统文化,满足社会期待,符合时代精神,备受大众推崇的良好风尚的集合体——在宗谱、家典、家规、家训、家书、诗文、乡约等以语言形式呈现,体现成员一以贯之的态度或姿态——修身、齐家、治国、平天下的精神风貌、道德情操、审美观念等;另一方面指明清时期以徽州"家风"实践为核心而形成物质文化的总和,具体指徽州社会家庭或家族或宗族等祖祖辈辈身体力行、共同创造的载体——通过祠堂、牌坊、书院以及社学和各种家塾、村塾、义塾等以物质形态呈现。徽州社会的家风文化,涵盖国家层面、社会层面、家庭层面和个人层面的精神表达、实践品格等。朱子理学的价值世界在积极塑造徽州社会发展和演变,而朱子理学所呈现的价值世界始终成为那个时代徽州社会的象征。在明清时期徽州社会家风文化中,朱熹及朱子理学都是精神内核。徽州社会家风文化的传承发展,根据在于传播生态,传播生态对其产生关键影响。徽州社会家风文化传播的实际,通过审视和分析我们发现,其发生机制有四种:感染、暗示、模仿、遵从。这也是社会环境与人相互作用的四种机制。徽州社会家风文化的价值体系通过观念体系、实践品格和民间日用呈现。取其精华,剔除糟粕,实施创造性转化、创新性发展,激活徽州社会家风文化的价值体系的优秀成分,极具理论意义和现实实践价值。

本课题的研究,主体内容分为六个部分。

第一部分主要是界定基本概念,如家庭、家族与宗族,家风,家风文化,徽州文化等等,为研究的展开奠定基础。

第二部分梳理朱熹对徽州的影响:内容包括朱熹的徽州情缘,举家入闽,创办"五夫社仓"与书院,朱子理学与徽州社会等。

第三部分分析和论述明清时期徽州社会传播生态与家风文化的传承发展:包括传播外生态与家风文化传承发展,传播内生态与家风文化传承发展,传播新生态与家风文化传承发展。

第四部分勾画明清时期徽州社会家风文化传播机制、路径及理学教育价值:徽州社会家风文化传播机制,徽州社会家风文化传播路径,朱子理学的教育价值。

第五部分描述明清时期徽州社会家风文化价值体系与日常呈现:包括徽州社会家风文化的观念体系,徽州社会家风文化的实践品格,徽州社会家风文化的日常呈现。

第六部分阐释明清时期徽州社会家风文化的当代价值。包括徽州社会家风文化的观念体系的当代价值,徽州社会家风文化的实践品格的当代价值,徽州社会家风文化的日常呈现的当代价值等。

四、突破与创新

本课题在三个方面取得突破和创新:

一是构建了明清时期徽州社会家风文化传承发展的传播生态系统,包括明清时期徽州社会家风文化传承发展的传播外生态系统,明清时期徽州社会家风文化传承发展的传播内生态系统,明清时期徽州社会家风文化传承发展的传播新生态系统。徽州社会家风文化的传承发展,其根据在于传播生态,传播生态对其产生关键影响。传播生态是以传播体系环境为中心展开的,主要研究传播活动与其生存发展环境的问题。社会政治形态、经济状况、思想文化地理环境及其互动构成了传播外界现实环境即徽州社会家风文化的传播外生态;传播者、传播媒介与内容、传播技术与受众等构成了家风文化在徽州的传播中的自身环境体系即徽州社会家风文化的传播内生态;家风文化在徽州的传播中的意义环境体系,主要指家风文化在徽州传播的外界现实环境与自身环境的共同作用下,产生出的传播影响和效果,包括受众反应、社会反应等要素。

二是构建了明清时期徽州社会家风文化价值体系与日常呈现,包括徽州社会家风文化的观念体系,徽州社会家风文化的实践品格,徽州社会家风文化的日常呈现。

三是阐述了明清时期徽州社会家风文化传播机制、路径及理学教育价值。主要有徽州社会家风文化传播的四种发生机制:感染、暗示、模仿、遵从;显性传播路径和隐性传播路径构成了徽州社会家风文化传播的主要路径,朱子理学的教育价值已融入教育机构、家庭教育和民间日用之中。

鲍家花园。原为清乾隆、嘉庆年间著名徽商盐法道员鲍启运的私家花园。(周春煦 摄)

第一章 基本概念界定

关于徽州社会"家风文化"研究,必然涉及一些基本概念:"徽州"与"徽州文化"概念;"家风"中的"家"与徽州传统的家庭、家族与宗族等概念;"家风"与"家风文化"概念;徽州文化的核心内容"朱子""朱子理学""新安理学"概念;家风文化的传承中的"传播学""传播生态学"概念等。对这些概念进行必要的界定,是完成研究的前提。

第一节 徽州及徽州文化

"徽州"[1]是一个历史、区划和地理概念。通常意义上"徽州"包括徽州府及歙县、绩溪、休宁、黟县、祁门和婺源之一府六县行政区划。根据黄山市人民政府网站的资料[2],徽州的历史源头可以追溯到距今5000多年前,从歙县、祁门等地出土的文物表明,早在旧石器时期,这一带已有先民居住。春秋战国时期,这片地域先属吴,吴亡属越,越亡属楚。直至秦王嬴政二十四年(前223)灭楚,这一带隶属于会稽郡,后设立黝(宋以后称黟)、歙二县,属鄣郡,这是此地域最早的行政区划建置,距今已有2200余年。历经西汉、东汉行政区划的变迁,到三国时期吴国孙权主政时,歙县东乡地置始新县,南乡地置新定县,西乡地置黎阳、休阳县,加黟、歙共六县建新都郡,从此这里成为相对独立的行政区划。后宋宣和三年(1121)设为徽州,辖歙、休宁、黟、绩溪、婺源、祁门县,州治歙县,徽州名称由此直到清宣统三年(1911)的790年间[3],作为州府名,徽州这一名称一直没有变更[4]。徽州现分属两省三市,即历史上的徽州府及歙县、休宁、黟县、祁门属于安徽省的黄山市,绩溪属于安徽省的宣城市,婺源属于江西省的上饶市。"徽州"的空间地域位置在北纬29°01′~30°24′

---

[1] 徽州社会"家风文化"中的"徽州"名称的由来,民间流传的有三种。一曰因绩溪有徽岭、徽溪、大徽村而得名;一曰取"徽"字美好的意思;一曰宋徽宗用自己的号来命名。
[2] 黄山市历史沿革[EB/OL][2021-06-07]. http://www.huangshan.gov.cn/zjhs/hssq/lsyg/.
[3] 中华民国元年(1912)裁府留县,徽州所属各县直属安徽省。中华民国二十年实行"首席县长"制,原属徽州各县首席县长驻歙县。
[4] 黄山市历史沿革[EB/OL][2021-01-27]. http://www.huangshan.gov.cn/zjhs/hssq/lsyg/index.html.

和东经117°02′~118°55′之间,位于现在的安徽省的最南端,坐落于皖、浙、赣三省交界处,南北约125公里,东西约200公里。境内以山地为主。"八山一水一分田",群峰参天,山丘屏列,盆地平原交错,东面新安江直奔浙江省入东海,南有婺水与阊江注入鄱阳湖,西部秋浦河和北部青弋江、水阳江一同流入长江;属亚热带季风湿润气候区,四季分明,温和多雨,明丽妩媚,溪河两岸多冲积土,适于农业耕作。《徽州府志》卷首《重修徽州府志序》称之:"大江之南,溪山环峙,灵州特重。"[1]

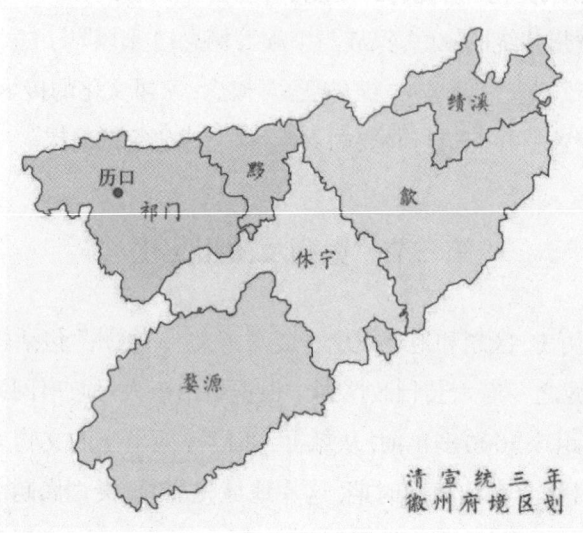

清宣统三年
徽州府境区划

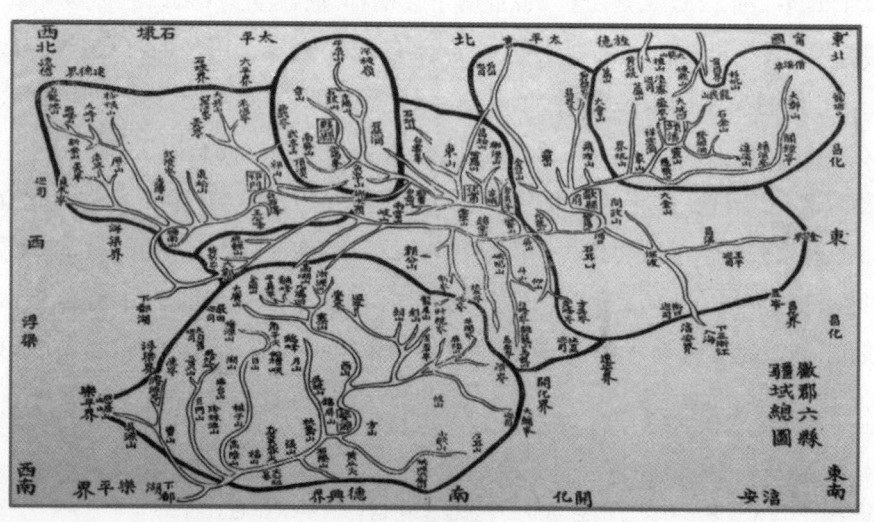

徽郡六县疆域总图[2]

---

[1](清)夏銮.徽州府志卷首.重修徽州府志序[M].南京:江苏古籍出版社,1998:3-4.
[2](清)夏銮.徽州府志卷首.重修徽州府志序[M].南京:江苏古籍出版社,1998:3-4.

第一章 基本概念界定

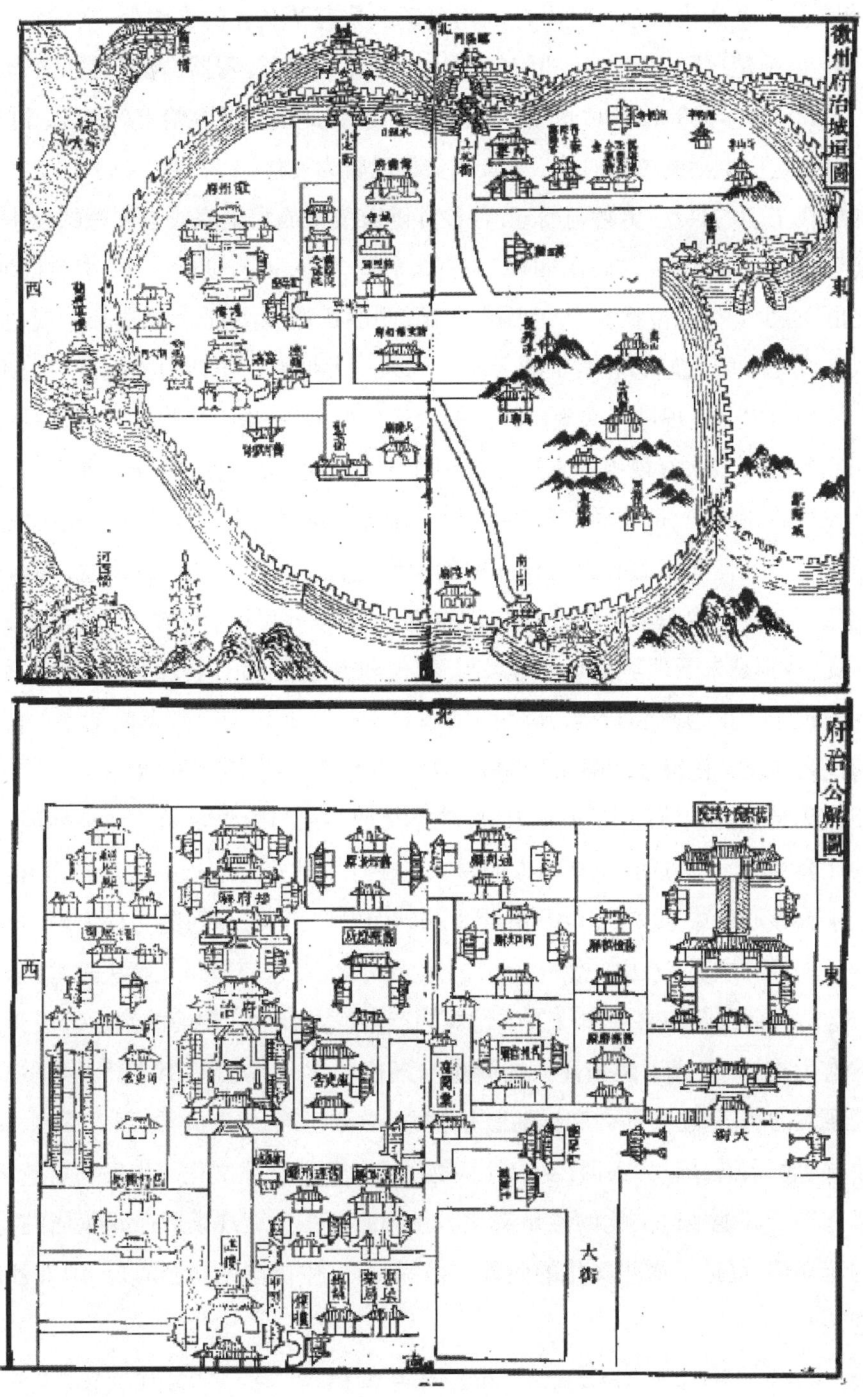

徽州府治城域图[1]

---

[1]（清）夏奎.徽州府志卷首.重修徽州府志序[M].南京：江苏古籍出版社，1998：5-6.

009

"徽州"是一个文化概念。这里是江南吴越文化与楚文化的交汇处，文脉绵延，源远流长，被誉为"吴头楚尾"。在歙县、祁门等地出土的原始瓷器、陶器、青铜器和漆器残件等文物表明[1]，5000多年前的石器时代，徽州的先民们已在此创造了原始土著文化；到3000多年前古越族人在这里生活的古越时代[2]，徽州文化已较为发达。

中国历代王朝的兴衰、更替与变迁，往往伴随着战争或大瘟疫或大灾荒的发生。因徽州地区四境皆高山，山重水复，"险阻四塞，东有大鄣山之固，西有浙岭之塞，南有江滩之险，北有黄山之厄，且少受战乱侵扰"[3]，且温和多雨，明丽妩媚，由此成为逃避战争或瘟疫或灾荒的中原人尤其是世家大族隐居避难的天然目的地。大批中原望族为避战乱或瘟疫、灾荒南迁至此。徽州历史上出现过三次规模较大的入迁事件：第一次有规模的入迁出现在西晋，史称"永嘉南渡"；第二次有规模的入迁的起因在于黄巢之乱，史称"唐末流徙"；第三次有规模的入迁发生在南宋王朝，史称"宋室南迁"。中原人的源源迁入与定居，原居民山越人与汉人不断融合。迁徙而来的北方望族深厚的中原文化传统及士族门庭观念，与徽州此地原土著文化相互激荡。源源不断的人与文化的流入，影响并侵蚀着"徽州"先前的人文风俗。至有宋一代，特别是朱子理学的萌生与兴起，以伦理道德为价值内核的儒家观念逐渐主导了徽州这片土地上人的思想和行为，历经明清思想文化发展与勃兴，"东南邹鲁"成了徽州声名遐迩的代名词及文化符号，"徽州"也成其为具有特殊文化属性的"徽州"。

徽州较为特殊的四境高山、山重水复、陆路交通不便与险阻封闭的地理环境，形成了相对稳定的社会结构。一方面，南迁的人们带来的中原文化——先进的生产技术和生产工具，以孔孟儒学为核心的中原文化，以及由此为基础而发展、集成和创造的程朱理学，自由自在地生长；另一方面，徽州"八山一水一分田"，地乏人稠[4]，迫使徽州人解决家庭、家族等的生计，寄命于经营，而徽州丰富的山珍茶木竹等物产，发达的水系，便捷的水运等成为徽州人外出经营的有力支撑，促成了徽州商人的诞生与渐次壮大，造就了一代代"天下徽商"。而徽商又以其强大的经济实力，助力和推动徽州教育、徽派建筑、新安画派、新安版画、新安医学、徽州戏曲、祠堂、宗谱、族规、家训、乡约等从物质文化到非物质文化的生发与可持续发展，从而形成了有别于其他地区文化的徽州文化。且因徽商很少大规模回徽州集居的特点，商人与商品的流动性，促进了徽州文化的向外扩散和传播，中国国内乃至海外、国外各地都能看

---

[1] 徐光冀. 歙县新州新石器时代及夏商时期遗址[J]. 中国考古学年鉴. 1995: 166–167. 陈琪. 祁门县发现新石器时代文化遗址[J]. 徽州社会科学. 2002: 37–37.
[2] 黄山市历史沿革[EB/OL]. [2021-01-27]. http://www.huangshan.gov.cn/zjhs/hssq/lsyg/index.html.
[3] 李好好、马婷. 浙商与徽商比较研究[C]. 第十届世界管理论坛暨东方管理论坛. 2006-12-09.
[4] 据史料记载，隋朝时徽州人口数为6154户，唐天宝年间达38320户，至北宋元丰年间达127203户。

到徽商留下的徽州文化景观或印迹。

这种徽州文化景观或印迹——起自宋代行政区划中的"徽州"。宋宣和三年，即公元1121年，徽宗改歙州的行政区划为"徽州"，延续至清，逐渐在文化上累积并形成具区域性和典型性的文化徽州。这种文化徽州的文化，有物质呈现的物质文化，有精神呈现的精神文化，为徽州人所创造，被普遍称为"徽州文化"，也有人称"徽文化"，现已发展为"中国三大地域文化"之一。必须强调的是，徽州文化是古徽州一府六县物质呈现的物质文化和精神呈现的精神文化的总和，是徽州区域所独有的，是历史上的徽州人民在长期的社会实践中所创造的物质财富和精神财富的总和，它是安徽文化的表征，是我国优秀传统文化的一朵奇葩，但不等同于涵盖安徽省所有地市的安徽文化。

文化包括徽州文化都是一种历史现象。历史上中原望族为避战乱或瘟疫、灾荒南迁至此，带来了以儒家文化为核心的精神文化，先进的物质文化和生产技术与百工科技等，与原徽州社会山越文化相互激荡、融合发展，使徽州这块土地逐渐成了中华文化的名片。自南宋以来，尤其是历经明清时期的不断传承与发展，徽州这里成了文风昌盛、人文荟萃的"东南邹鲁"与"礼义之邦"。如果说徽州文化缘起于宋徽宗宣和三年即公元1121年改歙州行政区划为"徽州"，那么，到明清时期达到鼎盛阶段的作为一种极富特色的区域文化，传承发展

徽州府城门。（彭林、王天阳 摄）

至当下的2021年,徽州文化已在中国独领风骚整整900年之久。

徽州文化的各个层面和各个领域都形成了独特的流派和风格,可谓有着深厚的底蕴、宽阔的领域和丰富的内涵:如教育、方言、理学、朴学、医学、数学、经济学、建筑、绘画、音乐、戏剧、雕刻、经营、菜系、茶道,乃至徽州家风等等,在其时几乎所有的领域,都有杰出的创造,流派纷呈,风格各异。

因而,本研究所涉及的徽州文化,它是由徽州人所继承发展和集成创造的,具有徽州地域特色的物质文化和非物质文化的总和。它是学科门类齐全的优秀的地域文化,又是文化遗存众多的具全国性和世界性强大影响力的文化。

第二节 家、家庭、家族及宗族

家、家庭是社会的细胞,是社会最基本的单位。

一、关于"家""家庭"

古今中外,无数人对此概念进行过探究。

伟大的思想家和革命导师马克思、恩格斯认为:"每日都在重新生产自己生活的人们开始生产另外一些人,即增殖。这就是夫妻之间的关系,父母和子女之间的关系,也就是家。"[1]这里的表述言简意赅,家就是人的繁衍与延续而形成的以情感、血缘为纽带的夫妻的关系、父母和子女关系的集合体。

清人陈昌治刻本《说文解字》曰:家,居也,从宀,豭省声。家,古文家。清人段玉裁《说文解字注》曰:"家,尻也。尻各本作居。今正。尻,处也。处,止也。释宫。牖户之闲谓之扆。其内谓之家。引伸之天子诸侯曰国。大夫曰家。凡古曰家人者,犹今曰人家也。家人字见哀四年左传夏小正传及史记,汉书。家尻叠韵。从宀。豭省声。古牙切。古音在五部。按此字为一大疑案。豭省声读家。学者但见从豕而已。从豕之字多矣。安见其为豭省耶。何以不云叚声。而纡回至此耶。窃谓此篆本义乃豕之尻也。引申叚借以为人之尻。字义之转移多如此。牢,牛之尻也。引伸为所以拘罪之陛牢。庸有异乎。豢豕之生子冣多。故人尻聚处借用其字。久而忘其字之本义。使引伸之义得冒据之。盖自古而然。许书之作也。尽正其失。而犹未免此。且曲为之说。是千虑之一失也。家篆当入豕部。"[2]

---

[1] 中共中央马克思恩格斯列宁斯大林著作编译局. 马克思恩格斯全集第3卷[M]. 北京:人民出版社,1986:32.

[2] (汉)许慎撰,(清)段玉裁注. 说文解字注[M]. 郑州:中州古籍出版社,2006:337-338.

《现代汉语词典》中"家"[1]的注解为：① 家庭；人家。② 家庭的住所。③ 借指工作的处所。④ 经营某种行业的人家或具有某种身份的人。⑤ 掌握某种专门学识或从事某种专门活动的人。⑥ 学术流派。⑦ 指相对各方中的一方。⑧ 谦辞，用于对别人称自己的辈分高的或同辈年纪大的亲属。⑨ 人工饲养或培植的（跟"野"相对）。⑩ 饲养后驯服。此外，还有"家"姓；用于量词，计算家庭或企事业单位等。"庭"[2]的注解为：① 厅堂。② 正房前的院子。③ 指法庭。④ 姓。

关于"家庭"，《现代汉语词典》的注解为：以婚姻和血缘关系为基础的社会单位，包括父母、子女和其他共同生活的亲属在内[3]。

由上观之，结合中国人的话语语境与约定俗成，以及本项目的研究对象，我们认为，家与家庭一体同构，可以通用，它是构成人类社会的最小单位，是共同生活的，以婚姻、血缘或亲近关系为基础的集合体。它与物质有关：家、家庭必须具备物质的住处与空间，具备有生命力的产生关系的人；它与非物质有关：由婚姻结成的夫妻关系、由血缘结成的父母与子女以及子女之间的关系，以情感为纽带，以共同生活为基础。如若确需区分"家"与"家庭"的概念，只能说，家的内涵侧重于住所及其一定的空间，家庭内涵侧重于遵照某种约定或法定等的关系。

具体到本项目所研究的"家风"的"家"或"家庭"，涉及徽州传统的"家""家庭"的类型的构成：主要分为"以父母与子女同居共食的主干型家庭，以父母与未婚子女同居共食的核心型家庭，以及以祖孙三代或多代同居共食的联结型家庭或称大家庭"[4]。

必须指出的是，家或家庭是共同生活的，以婚姻、血缘或亲近关系为基础的集合体，这种集合体因人口、彼此关系及管理等原因，有时会分成若干个小的集合体，这就是分家。民间谚语说得很形象："树大分杈，子大分家。"在家庭再生产的历史进程中，"分家"是常见的运行机制和基本方式。分家，"分"的主要是原家庭的财产。在古代徽州社会，"分家"成为一种家庭关系即资产的继承制度，"有产"家庭依据官方分家析产的律令，家庭中已婚娶的众子（二子以上），自立门户，分配"家产"。下页表格反映了清代徽州家庭分家前后家庭规模、经济状况，表明分家后，新的家庭数量增加，原家庭家产越分越少，新旧家庭经济实力整体下降，后各谋发展，重振家业，发家致富，整体进入新一轮贫富家庭序列的动态平衡[5]。"无产"家庭继承家庭关系，但没有资产可分，依靠各自奋斗建设家庭。

---

[1] 中国社会科学院语言研究所词典编辑室. 现代汉语词典[M]. 北京：商务印书馆，2016：623.
[2] 中国社会科学院语言研究所词典编辑室. 现代汉语词典[M]. 北京：商务印书馆，2016：1307.
[3] 中国社会科学院语言研究所词典编辑室. 现代汉语词典[M]. 北京：商务印书馆，2016：624.
[4] 卞利. 明清徽州社会研究[M]. 合肥：安徽大学出版社，2004：46.
[5] 张研. 对清代徽州分家文书书写程式的考察与分析[J]. 清史研究，2002（4）：18-19.

时地人	分 家 前	分 家 后
顺治十一年 休宁 汪正科	三世二代联合家庭：共15口 汪正科及妻许氏、侧室陈氏共三口；长子媳二子共四口；次子媳一女共三口；三子媳一子二女共五口。 田32.155亩，租298石，存本银630两，出借银264.98两，地山塘屋。	分成4个核心家庭（平均3.75口） 汪正科妻许氏、侧室陈氏以各欠账口余资本，以为养老之需，嗣后三子均分，长孙多批若干。 存众产业、长孙多分若干外，每家分得田10.72亩，租97.7石，存本银210两，出借银88.33两，地山塘屋若干。
顺治十一年 祁门 洪大网	三世二代联合家庭：共12口 洪大网及妻程氏二口；长子媳二子一女共五口；次子媳一子二女共五口；女出嫁。 田10余亩。	分成3个核心家庭（平均4口） 二子及婿各创玉山布店，二子每家分得田5亩。
康熙四年 休宁 胡姓兄弟	二世一代联合家庭：共10口 兄胡应绶妻吴氏四子共六口；弟应缙妻某氏二子，共四口。 田45亩，银408两及房等。	分成2个核心家庭（平均5口） 兄胡应绶经商，为弟婚配及家用支出5500两，拨出本银100两，田5亩，房4间给长孙汝楫，余每家20亩，银154两。父母丧葬二股均出。
康熙四十七年徽州某姓	三世二代联合家庭：共7口 父一口；三子媳各二口。折实田税66.42亩，店本银100两。	分成4个核心家庭（平均1.75口） 每家分得22.14亩，本银33.3两，房屋若干。

清代徽州分家所反映的家庭分家前后家庭规模、经济状况示例表[1]

二、关于"家族""宗族"

先说"族""家族"。族，聚也。《现代汉语词典》中"族"[2]的注解为：① 家族。② 古代的一种残酷的刑罚。③ 种族、民族。④ 事物有某种共同属性的一大类。⑤ 称具有某种共同属性的一类人。在本研究语境中，"族"即家族或某种共同属性的一类人。

关于"家族"，《现代汉语词典》中的注解为："家族是以婚姻和血统关系为基础而形成的社会组织，包括同一血统的几辈人。"[3]这里，婚姻关系、血统关系、社会组织为本概念中的三个关键词。家族也是以婚姻和血统关系为基础而形成的，与家庭相区别的是，家族这种以

---

[1] 张研. 对清代徽州分家文书书写程式的考察与分析[J]. 清史研究, 2002 (4): 18–19.
[2] 中国社会科学院语言研究所词典编辑室. 现代汉语词典[M]. 北京: 商务印书馆, 2016: 1749.
[3] 中国社会科学院语言研究所词典编辑室. 现代汉语词典[M]. 北京: 商务印书馆, 2016: 625.

婚姻和血统关系为基础所形成的社会组织,乃是最少包括两个以上的、有婚姻关系的家庭的集合。"通常包括几代人和因婚姻关系联系到一起的不同姓氏的家庭,按照我国民间的传统与约定俗成,多根据丧事活动中的'五服制度'[1]来确定,通常将己身和妻子五服内的亲属称为家族成员。"[2]

关于宗族。"宗"的意思是尊重,同族始祖为尊重的对象。《辞海》注解曰:"宗族,谓同族之人。"清人陈立撰《白虎通疏证》曰:"宗者,尊也。为先祖主者,宗人之所尊也……宗其为始祖后者为大宗,此百世之所尊也。宗其为高祖后者,五世而迁者也。高祖迁于上,宗则易于下。宗其为曾祖后者为曾祖宗,宗其为祖后者为祖宗,宗其为父后者为父宗。"[3]本研究认为,明清时期的徽州宗族是一种以血缘关系为纽带,以男性脉系为中心的单系结构,是家庭、房派、家族等宗亲间社会结构体系的体现,是徽州社会明清时期的一种民间组织。明清时期徽州社会的宗族延续南迁的中原宗族聚族而居的历史习惯,以及中原以儒家思想为核心的精神文化。其中,纲常伦理成为人们生活形态的理论基础和行为指南,宗族观念得到进一步强化[4]。

家族与宗族两个概念都强调一定数量与集合性、群体性以及确有关系性的社会组织。其区别也是明显的:家族包括"五服"以内的同姓族人、母族和妻族亲属(不一定同姓),宗族只以父系家族为脉系(同姓)。正如赵尔波在其《明清时期祁门谢氏宗族及其遗存文书研究》一文中所分析的:家族是一个亲属团体,成员间的日常交往频繁,是"五服"之内的血亲和姻亲。宗族是一个地缘组织,是指拥有共同男性祖先的家庭群体。宗族与家族中的成员既有交叉又有区别,"五服"以内的同姓族人是家族和宗族的共同成员,"五服"以外的同姓族人是宗族的成员,"五服"以内的母族和妻族亲属是家族的成员[5]。相互关系可用家庭、家族、宗族关系图表示如下。

---

[1] "五服"是古代中国特有的一种制度,它在古代大致有三种含义:一是吉服的五个等级,指天子、诸侯、卿、大夫、士的五等服式;二是凶服(丧服)的五个等级,分别为:斩衰、齐衰、大功、小功、缌麻五等服式;三是王畿之外五百里为一服,由近及远依次叫作侯服、甸服、绥服、要服、荒服五种。文中这里是取第二种含义,即古代区别亲疏的五种丧服。"五服制度"是中国礼治中为死去的亲属服丧的制度。它规定,血缘关系亲疏不同的亲属间,服丧的服制不同,据此把亲属分为五等,由亲至疏依次是:斩衰、齐衰、大功、小功、缌麻。五服规定,是晚辈对长辈的丧服规定,夫妻属平辈不穿孝服,戴黑袖标即可。亲属关系超过五代,不再为之服丧,叫作出服,也叫出五服。这种礼核心就是等级和秩序,它体现了尊卑,贵贱,内外,亲疏。

[2] 张研. 对清代徽州分家文书书写程式的考察与分析[J]. 清史研究, 2002 (4): 18-19.

[3] (清)陈立撰. 白虎通疏证[M]. 北京:中华书局, 1994: 393-394.

[4] 沈超. 徽州祠堂建筑空间研究[D]. 合肥:合肥工业大学, 2009: 17-18.

[5] 赵尔波. 明清时期祁门谢氏宗族及其遗存文书研究[D]. 合肥:安徽大学, 2011: 13-14.

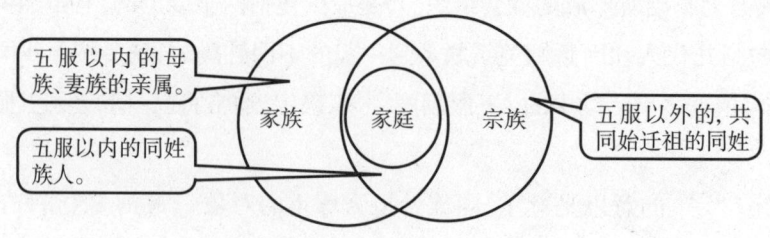

徽州家庭、家族、宗族关系图表[1]

为规范家族的延续、发展,统摄族人与族内事务的管理,明清时期,每一家族都建有基于伦理关系规范的家族制度。家族制度是族人观念、族人关系、人伦理念等层面的隐性认知、意识等在家族成员身上的显性体现。

宗族同样立有宗规。宗规的核心是基于血缘关系的社会组织制度,族田、祠堂、族谱、族长是其物质载体,它们担负着宗族参与现世事务、积极入世的文化[2]。宗族是与祖先崇拜紧密结合在一起的,宗有大有小,大宗与小宗是一种领属关系,通过这种关系,管理和治理本宗族,实现宗族内部公共治理。"从宗者,从始祖之宗也。高祖以下谓之族,五世以外,族与族相属,故谓之族属,犹兄弟谓之亲,四世以内,亲与亲相属,则谓之亲属也。"[3]

第三节 家风、文化、家风文化

翻开中华民族的文化史,我们可以发现有家就有"家风",经久不衰,绵延悠长。

一、关于家风

西晋时期著名文学家潘岳所作《家风诗》,被认为是目前所查找到的关于"家风"一词和家风内容记载的最早记录。潘岳《家风诗》云:"绾发绾发,发亦鬓止。曰祇曰祇,敬亦慎止。靡专靡有,受之父母。鸣鹤匪和,析薪弗荷。隐忧孔疚,我堂靡构。义方既训,家道颖颖。岂敢荒宁,一日三省。"[4]正如南北朝时期的"宫廷文学"代表人物,为昭明太子伴读,曾任尚书度支郎中、东宫领直等官职的庾信(513—581),其所作的《哀江南赋序》提到"家风"一词,这是最早关于"家风"的评述:"昔桓君山之志事,杜元凯之平生,并有著书,咸能自序。潘岳之文采,始述家风;陆机之辞赋,先陈世德。"[5]

---

[1] 赵尔波. 明清时期祁门谢氏宗族及其遗存文书研究[D]. 合肥:安徽大学,2011:13-14.
[2] 江慧. 出世和入世:论家族和宗族的概念[J]. 上海大学学报,2007(4):149.
[3] (清)贺长龄辑,魏源编次,吴县曹靖校勘. 魏源全集:皇朝经世文编[M]. 长沙:岳麓书社,2005:232.
[4] 董志广. 潘岳集校注[M]. 天津:天津古籍出版社,2005.
[5] 许逸民校点. 庾子山集注[M]. 北京:中华书局,1980.

家风之"风",乃风气,风俗,景象或一以贯之的态度或姿态。《现代汉语词典》中关于"家风"的注解为:门风[1]。

家风的形成,是一个有源因袭、绵延不绝的过程。在某一家庭或家族或宗族之链上,令人信赖、德高望重或出类拔萃的成员的修身、齐家、治国、平天下等言行,弘扬中华传统文化,满足合社会期待,符合时代精神,备受大众推崇,这就成为有源因袭之"源",经子孙后代接力坚守与完善,绵延不断,形成家风。因此,从这个意义上讲,家风就是弘扬中华传统文化,满足社会期待,符合时代精神,备受大众推崇的良好风尚。反之,颓废与负能量的风气,不作为本研究所讨论的内容。修身、齐家、治国等言行,往往以一种"润物细无声"的形式影响着每个人。这种"润物细无声"的言行,载体形式多样,如以弘扬理学为己任的祖籍徽州的朱熹,其撰写的《朱子家训》,主要体现的是对五伦关系及其道德义务的宣扬,全文有522字,以修身、齐家、治国为重点,展现了传统中国人修身、齐家、治国、平天下之道,成为徽州家风传承的重要内容。

本研究中的"家风",指的是家庭或家族或宗族,沿袭相传、不断与时完善且成员自觉或不自觉尊崇的风气、风俗和风尚,体现成员一以贯之的态度或姿态——精神风貌、道德情操、审美观念和实践品格,其涵盖国家层面、社会层面、家庭层面和个人层面等四维内容。

二、关于文化

"文化"是人类的伴生物,是人类独有的标志,文化与人类同时产生,一并发展。就"文化"内涵而言,它是一个人们讨论众多、非常宽泛的概念。文化具有民族性、时代性和开放性等,在不同的时空,或不同的语境,或针对不同的讨论对象,文化的内涵、对"文化"的认知和理解就不完全相同。当然,这并非意味着人们对"文化"没有一个基本接近的判断。

刘梦溪说:"文化的定义很多,20世纪50年代,美国有一本关于文化概念的书列出西方关于文化的160种定义。20世纪70年代以后,西方的文化符号学盛行,文化的定义就更多了。我喜欢使用的定义是:文化是指一个民族的整体生活方式和它的价值体系……谈文化的时候,不要把文化看成一个僵死的概念。文化是一个松散的结构,它里面有很多张力。文化不是石头,不是固体,它是水,流来流去,不能任你来搬来搬去。"[2]

在《现代汉语词典》中,文化这一概念有四个方面的含义:① 指人们在社会历史实践过程中所创造的物质财富和精神财富的总和,特指精神财富,如文学、艺术、教育、科学等。② 指运用文字的能力及具有的书本知识。如:洪深《电影戏剧表演术》第二章:"因为现代的人所过的不只是一个自然人的生活,它也是一个有文化的人的生活。"③ 文治教化。如:(汉)刘向《说苑·指武》:"凡武之兴,为不服也,文化不改,然后加诛。"④ 考古学用语。指

---

[1] 中国社会科学院语言研究所词典编辑室. 现代汉语词典[M]. 北京: 商务印书馆, 2016: 624.
[2] 刘梦溪. 中国中华传统文化价值理念的现代意义[N]. 新华日报, 2015-8-26.

同一历史时期的不依分布地点为转移的遗迹、遗物的综合体。同样的工具、用具,同样的制造技术等,是同一种文化的特征。如:仰韶文化、龙山文化。"[1]

在这里,《现代汉语词典》含义"①"中的"物质财富和精神财富的总和"是广义的文化概念;"②""③""④"是狭义的文化概念。由此综之,文化指的是某一特定社会群体在一定历史时期形成的,体现该社群的心理、精神、气质和独特追求的生活方式、生存方式、行为方式、思维方式和情感方式的总和。其实,这也是刘梦溪所作的定义的意思。

说到文化,不能不涉及与之联系紧密的几个概念——"中华传统文化""近代文化"和"现代文化",还有本研究中的"家风文化"。中华民族在自己的发展中,形成了以儒学为主干的中华传统文化。中华传统文化是中国各民族文化长期融合发展的结晶,也是维系全体中国人的精神纽带,是中华文化认同、中华民族认同、中国国家认同的基础。本研究认为,中华传统文化是一套中华民族的整体生活方式及其价值表现,涵盖中华民族创造的物质财富和精神财富的总和。毫无疑义,这套整体生活方式及其价值表现,是以人为主体的,具有影响和调节人为主体的关系的功能。这种影响和调节人为主体的关系包括人与自然或社会的关系,人与人或群体或组织的关系,人内心的关系三个层面。从中华传统文化的产生、传承和发展来看,这套整体生活方式及其价值表现,既是影响和调节以人为主体的关系的因,亦是影响和调节以人为主体的关系的果。

据吕乃基的研究,人类的知识或文化可以整体比拟为——树根、树干和树枝,中华传统文化是"根",近代文化是"干",现代文化是"叶"。刘相平在《两岸认同之基本要素及其达成路径探析》一文中认为,世界四大古文明的知识体系是与特定的自然历史背景联系在一起的嵌入的编码知识,这是人类文化的根须。也正是这种各具"特色"的根源体系使得各民族的中华传统文化具有不可化归的独特性。而以科学、技术、文艺复兴和启蒙运动所包含的理念与价值观、市场经济及其规则,以及以此为内容或背景的文学艺术作品等为主要内容的近代文明,具有强烈的穿透力,可以为所有的民族和所有的个人所共享和接受。这些是非嵌入编码知识,是人类知识之树干,而现代科技文化知识则是在树干上生长出的枝叶。就中华传统文化而言,"以儒、道、释为核心理念的中华传统文化主要是嵌入编码知识和隐性知识,它们是中华民族在特殊的历史、地理、对外交往的情境中所产生的特殊的文化,是中华民族文化之根,它使得中华民族区别于其他民族。作为中华民族的传人,坚持中华民族的文化自觉自在情理之中,只有如此,才能在世界上安身立命,生命的终极价值才有所皈依,才能在多元化的世界里确定自己的位置。"[2]

---

[1] 中国社会科学院语言研究所词典编辑室. 现代汉语词典[M]. 北京: 商务印书馆, 2016: 371-372.
[2] 刘相平. 两岸认同之基本要素及其达成路径探析[J]. 台湾研究, 2011(1).

三、关于家风文化

家风是家风文化的基石,家风文化当然是建立在家风的基础之上。

其一,家风是一种文化现象,是文化的一种载体,是传播文化的一种媒介,它归属于文化,具有独特性、个体性和发展性;而文化是培育家风的土壤,制约和决定家风的内涵,文化的繁荣也一定会促进家风的繁荣。家风文化不仅具有独特性、个体性和发展性而且具有普遍性、综合性和可持续性。如果说,家风文化是中华传统文化母树上的一枝,那么家风就是这一枝上的一叶。

其二,正如上文所述,本研究中的"家风",指的是家庭或家族或宗族,沿袭相传、不断与时完善且成员自觉或不自觉尊崇的风气、风俗和风尚,体现成员一以贯之的态度或姿态——精神风貌、道德情操、审美观念和实践品格。需要强调的是,不同的家庭、家族、宗族等的家风存在不同,在不同的方面表现出不同的样貌,但在统一且无间断的中华文化作用下,从家风文化的视角审视,它们又表现出基本一致的指向。

其三,徽州社会的文化具宗族性特色。这种特色表现在三方面:一是徽州社会以宗族为核心的社会组织结构较为稳固。朱子理学之所以能成为徽州社会的主流价值观,其根基就在于传统社会是以宗族为核心的社会组织结构。在徽州,不论是明朝还是清代,民间的宗族结构一直没有受到冲击和破坏。这就为朱子理学的传播和产生影响培育了深厚的社会基础。二是中原移民拓垦徽州。这些人开始时大体也是区域性和宗族性的集合体,区域性和宗族性必然成为维系奔赴徽州移民们的共同文化特征和相近行为模式的纽带,亦是形成赴徽州的人们必要的集体力量形成的载体。三是朱熹的祖先本身就是儒家发源地山东人士。《新安名族志》曰:"朱出颛帝之后,周封曹侠于邾,为楚所灭,子孙去邑,以朱为氏。至唐曰师古者避巢乱,由姑苏始迁歙之黄墩……绚则文公先生曾祖。"[1] 这里的"邾",《说文》注解为:邾,周武王时所封曹姓国也。始封之君曰侠,为鲁附庸。从邑,朱声。朱氏后裔在此世代因袭,依附在区域性和宗族性上,不可避免地成为朱子理学传播的推动力量。

根据上文关于文化、第一节关于徽州文化等的分析与界定,本研究中的"家风文化",一是特指明清时期以徽州家风表现为核心而形成的非物质文化的总和,具体指徽州社会家庭或家族或宗族的,弘扬中华传统文化,满足合社会期待,符合时代精神,备受大众推崇的良好风尚的集合体——在乡约、族谱、家典、家规、家训、家书、诗文等以语言形式呈现,体现成员一以贯之的态度或姿态——修身、齐家、治国、平天下的精神风貌、道德情操、审美观念等;二是特指明清时期以徽州"家风"实践为核心而形成的物质文化的总和,具体指徽州社会家庭或家族或宗族等祖祖辈辈身体力行、共同创造的载体——通过祠堂、牌坊、书院以及社学和

---

[1](明)戴廷明、程尚宽等.新安名族志[M].合肥:黄山书社,2007:432-433.

各种家塾、村塾、义塾等以物质形态呈现。徽州社会的家风文化，同样，涵盖国家层面、社会层面、家庭层面和个人层面的精神表达、实践品格等四维内容。

歙县万年桥。建于明万历元年（1573），相传因"千年媳妇万年桥"得名，意为妇道贞洁与石桥永固。（姜洋洋 摄）

第四节 儒学、朱子理学与新安理学

《茗洲吴氏家典》中李应乾《序》云："我新安[1]为朱子桑梓之邦，则宜读朱子之书，服朱子之教，秉朱子之礼，以邹鲁之风自待，而以邹鲁之风传之子若孙也。"[2]黄宗羲的《明儒学

---

[1] 徽州古称新安，府治歙县，统辖一府六县：歙县、黟县、休宁、婺源、绩溪、祁门。理学的奠基人洛阳程颢、程颐和集大成者婺源朱熹的祖籍均在歙县篁墩。程颢、程颐虽生于洛阳，但真正故乡为徽州歙县篁墩（黄墩）。据程氏族谱记载，"二程"为南梁篁墩人"忠壮公"程灵洗（513—568）的后代，为新安程氏十四世祖。程灵洗在梁元帝时因平"侯景叛乱"有功，于东晋大兴三年（320）被任命为"新安太守"，卒后谥号"忠壮公"。明洪武三年钦降篁墩世忠庙祝文，勒徽州知府春秋致祭。程颢的"忠壮后裔"的印章，由此而来。朱熹虽出生于建州尤溪，但其父朱松，祖居歙县篁墩，其母为歙县人祝确之女。朱松曾在歙县城南紫阳山老子祠读书，喜以"紫阳"名其居，入闽任政和县尉自署"紫阳书堂"，后因任武职，举家迁徙至婺源。朱熹以古代徽州歙县篁墩人自居，一直自称"新安朱熹"或"紫阳朱熹"。朱熹曾三次回徽州省亲和扫墓。第一次回乡拜见其外祖父祝确；第二次瞻仰紫阳山祝确故庐，在老子祠讲学，并题留"旧时山月"四字；第三次到天宁山房讲学。雍正重刻《程朱阕里志》曰："程朱之学大明天下，天下之学宫莫不崇祀程朱二夫子矣。乃若二夫子肇祥之地又举而合祀之，则独吾歙……二程与朱子所由出，其先世皆由黄墩徙，故称程朱阙里。"明代理学家程曈撰有《新安学系录》十六卷（安徽巡抚采进本），亦证明明代即有"新安学"之说。清代理学家吴曰慎为重修《新安学系录》所作《序》中也写道："然是学也，即尧舜以来之所传，而天下古今之所共者也，乃独归重于新安，何哉？盖二程夫子实忠壮公之后裔，见于印章；朱子以迁闽未久，新安自表。"

[2] (清)吴翟. 茗洲吴氏家典[M]. 合肥：黄山书社，2006：19-20.

案·发凡》曰:"有明文章事功,皆不及前代,独于理学,前代所不及也。"朱子理学、理学是中华儒学的集大成。为了便于理解朱子理学、理学,有必要了解"儒学"这一概念。

先有朱子,后才有朱子理学。先介绍祖籍南宋徽州婺源、兼容统摄儒释道、以研究儒家经典的义理为宗旨的理学之集大成者,被尊称为朱子的朱熹。

一、朱熹

朱熹(1130—1200),字元晦、仲晦,号晦庵、晦翁,谥号"文",亦称朱文公,尊称朱子。朱熹是中国封建社会后期最著名的哲学家、思想家、教育家,成就卓著的诗人和文学家,他继承孔子以降学术思想,集北宋以来理学之大成,创建了一个博大精深的哲学思想体系,是中华传统文化的重要体现,对南宋之后八百多年的中国、东南亚乃至世界产生了极为重大的影响。朱熹学识渊博,人格高尚。朱子著作多达25种、600余卷,总计约2000万字。主要有《周易本义》《四书章句集注》《楚辞集注辨正》

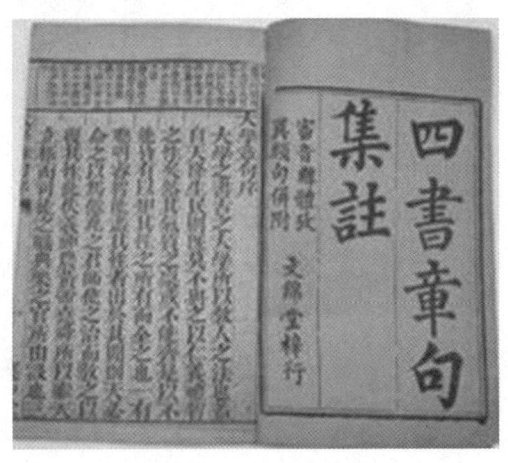

朱熹《四书章句集注》

《小学书》《通鉴纲目》《宋名臣言行录》《家礼》等,乃孔子之后又一位对中国思想史乃至人类思想史作出过巨大贡献的文化学家。

《徽州府志》有关朱文公故居的记载

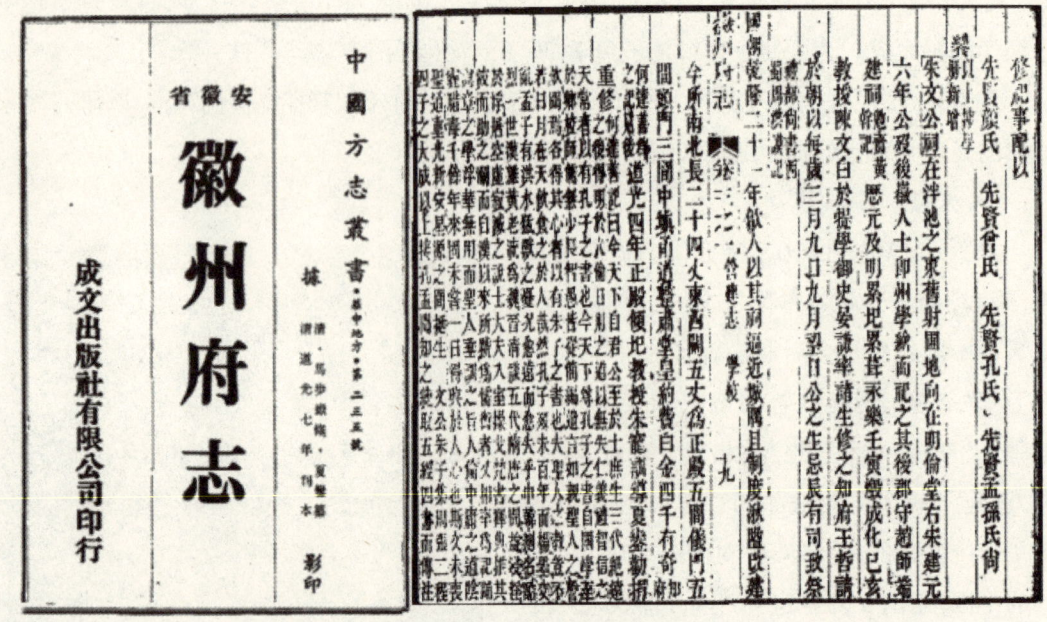

《徽州府志》有关朱文公祠的记载

二、儒学

"儒学"由"儒""学"两概念组成。高兴全的《说"儒"》[1]一文对"儒"做了专题考辨:《汉书·艺文志》中说儒者之源:"儒家者流,盖出于司徒之官,助人君顺阴阳、明教化者也。"又许慎《说文解字》:"儒,柔也,术士之称。"又杨雄《法言·君子》讲:"通天地之人曰儒。"由此得知,"儒"最早是一种术士,专门服务于贵族阶级,从事巫祝、占卜、治丧、祭祀、祈祷等活动的司礼者或知识分子……儒家指的是春秋战国时代诸子百家中的以孔子为鼻祖的一家。

所谓"儒学",李立认为,理解"儒学"有必要了解它"四个不同的历史发展阶段"[2]:儒学发展的第一阶段,是以孔子、孟子、荀子等为代表的先秦原始儒学。原始儒家在先秦春秋末至战国时期,是社会上具有广泛影响的"显学"之一。其提倡增进道德修养,主张一统天下,实行礼义王道,成为当时重要的关于道德修养和政治理想的学说。儒学发展的第二阶段,是以董仲舒等为代表的两汉政治制度化和宗教化的儒学。董仲舒对于儒学的发展不仅在于学理方面,而更在于他把儒学推向政治制度化和宗教化的方向。在原始儒学那里,它是通过道德教育、理想教育去启发出人们遵守道德规范、追求理想社会的自觉。但当儒学

---

[1] 参阅高兴全. 说"儒"[N]. 北京晚报, 2015-09-17.
[2] 参阅李立. 儒学在两岸的传承和发展[J]. 统一论坛, 2013 (6).

的一些主要内容被政治制度化以后，它就成了不管你自觉与否、自愿与否，都必须遵守的外在规范，但弱化了伦理道德、身心修养层面的功能。儒学发展的第三阶段，是以"二程"（程颢、程颐）、朱熹、陆九渊、王阳明等为代表的宋、明、清时期的"性理之学"[1]的儒学。宋、明、清性理之学对儒学的重大发展，在于它积极吸收和融合玄学、佛教、道教的理论并为己所用。性理之学的兴起和发展，在相当程度上恢复了儒学作为伦理道德、身心修养层面的社会功能，从而强化了其与作为政治制度层面的儒学功能的配合。儒学发展的第四阶段，是从康有为开始的，与西方近代民主、科学思想交流融通的近现代、当代新儒学。中国儒学向近代转化——把传统儒家思想与近代西方文化联结、融通起来，是从康有为开始的。19世纪中叶以后，随着中国封建制度开始解体，当时以性理之学为代表的儒学也走向了衰落。此时，在外国资本主义的武力、经济、政治、文化的侵略和渗透下，中国面临着亡国灭种的危急局面，一大批先进的中国人奋身而起，为救亡图存而斗争。而此时的儒学，不管在制度层面还是在思想意识层面，都在相当程度上起着阻碍社会改革和进步的作用，并在后来的新文化运动中遭到批判。

鉴此，本研究中的"儒学"，指的是孔子创建的、后来逐步发展为以"仁""礼"为核心的思想体系，它维护"礼治"，提倡"德治"，重视"人治"，是中华民族传统价值观的主流，在中华传统文化中占有核心地位。

三、朱子理学

所谓"朱子理学"，有广义和狭义之分。狭义的"朱子理学"即上文所述儒学发展的第三阶段的朱熹的学说。从广义来看，"朱子理学"指的是以朱熹学说为核心，上承孔孟的先秦原始儒学，综合北宋周敦颐、"二程"（程颢、程颐）之理学思想，吸收同时代及其后学的学说，是儒学创新发展成果的集中体现和集大成，是我国中华传统文化发展史上的又一次高峰。同时，朱熹对中国传统儒家文化、同时代的儒释道及诸子各家思想流派的合理因素的传承与吸收，一方面规避了佛学的冲击，另一方面确实证明了中国文化对外来文化的消化与同化功能，展示出中国文化的伟大力量。

本研究中的"朱子理学"，侧重于广义的朱子理学。其内容囊括了一个兼容统摄儒释道，把形上世界、现实世界、意义世界与可能世界，以及宇宙和人生、自然和社会融为一体的

---

[1]"性理之学"的核心观念是"性"，"理气论"中的"理"为诠释"性"的思想内涵与哲学观念的概念。由"性"与"理"组合而成的"性理之学"，充分体现和完整表达了"理学"的哲学内涵和思想特色。在元代理学家吴澄看来，"性理之学"包括两个方面：一是本体论，即由内在"吾之性"的人格本体来确认外在"天地之理"的宇宙本体，这是一种天人同构的本体论；一是功夫论，即通过人格内向修身功夫（"知性""养性"等），最终实现内外合一、天人合一的精神境界。——参阅朱汉民."性理之学"的哲学内涵[N].中国社会科学报.2011：2.

庞大新儒学体系,主要包括四个方面的体系架构。

朱子理学构建了完整的新阶段的儒学体系。通过传承和发展,朱子理学将古代中国的儒学推到了一个新的阶段。在中国儒学发展史上,从孔子到朱熹,有三个里程碑意义的阶段:一是以孔子、孟子为代表的儒家思想创立发展阶段。春秋战国时期,正处在奴隶社会走向瓦解、封建社会逐步形成时期,孔子、孟子、荀子等提出以"仁"为核心的"仁""义""礼""智""信"的思想和"民贵君轻"的主张,来遏制战乱、暴政和促进社会稳定和经济发展,这一时期的思想文化战线出现了"百家争鸣"气象。二是以董仲舒为代表的儒学转型阶段。秦始皇实行的"焚书坑儒"文化专制政策、儒学进入低潮之际,西汉的董仲舒以阴阳家的思想重新解释儒家经典,体系地提出了"天人感应""大一统"学说,该学说以儒家宗法思想为中心,杂以阴阳五行说,把"三纲五常"贯串在一起,形成帝制神学体系。其"罢黜百家,独尊儒术"的主张为汉武帝所采纳,儒家思想开始成为封建社会的统治思想,也带来了汉唐经学的繁荣和发展。三是以朱熹为代表的儒学创新阶段。南宋的朱熹是理学的集大成者,他吸收佛道思想重新解释儒家经典,全面总结了北宋以来的理学成就,建立了庞大而严密的理学体系,标志着理学的成熟。在宋代,一方面,中国边疆强势崛起的契丹族、女真族、党项族、吐蕃族等,给统治者带来极大的压力;另一方面,文化冲突日益加剧,以老庄为基础吸收佛教思想形成的道教,在隋唐时期已成为体系化的宗教哲学体系,形成了儒、道、佛三教鼎力的文化格局。面对佛、道的冲击,儒家的正统地位受到打击并日益丧失活力。为重建儒学的"道统",宋代统治者加强了中央集权,重用儒臣,鼓励重建宗族制度,重视重振伦理道德。至南宋,在"北宋五子"即周敦颐、邵雍、张载、程颢、程颐开创理学的基础上,朱熹完成了集大成的理学体系,实现了儒学创新——新儒学:"一是在克服、战胜佛道的基础上实现了儒释道的统一;二是朱熹把先秦儒家仁学与易道生生之理结合起来,以生释仁,把仁提升为宇宙人生的最高本体,这是朱熹对儒学的最大贡献。"[1]因此,元朝以后,历代封建王朝竭力推崇理学,定朱熹《四书章句集注》为科举考试的依据。

朱子理学构建了完整的宇宙发生论体系。朱子理学的核心范畴是"理"。"理"或称"道""太极"。"理"有几方面互相联系的含义:"理"先于万物而存在,在一切事物之先,在一切事物之上,一切事物都有其理,一切事物的理都归于一理,即"形而上者,无形无影是此理。形而下者,有情有状是此器""理一分殊""太极只是一个理字",理通过"气"而化生万物。朱子理学的第二位范畴是"气"。"气"是形而下者,它是铸成万物的质料。朱熹认为理和气的关系有主有次。理生气并寓于气中,理为第一性,气为第二性。朱子理学把理、气、万物结合为一体,主张理依气而生物,并从气展开了一分为二、动静不息的生物运动,这便是一

---

[1] 王国良.朱熹与新安理学的价值[N].光明日报.2003-5-20.

气分做二气,动的是阳,静的是阴,又分做五气(金、木、水、火、土),散为万物。一分为二是从气分化为物过程中的重要运动形态[1]。"自下推而上去,五行只是二气,二气又只是一理;自上推而下来,只是此一个理,万物分之以为体,万物之中又各具一理。"理、气、物即理如"月印万川",无形而至高,气则是万物依循理而生聚离散所赖之基本元素,万物则由理而气所化生之具体形状。在逻辑上,理在先,气、物在后;在时间上,三者共存一体,有理便有气,有气便有万物。

朱子理学建构了完整的伦理道德体系。朱熹从心性到理欲、义利出发,论证了"三纲五常"的合理性。朱熹继承了"二程"的"性即理"的观点:"心是神明之舍,为一身之主宰,性便是许多道理,得之于心而具于心者。发于智识念虑处,皆是情。"心是一物,它所容的是性。人的天性就是"三纲五常",以"穷天理,明人伦,讲圣言,通世故",这也是天赋予人的理。由此出发,朱熹把人划分为"道心"和"人心":道心即义理之心,追求圣贤之大义;人心即物欲之心,追求私欲,"道心"为体,"人心"为用,正所谓"圣贤千言万语,只是教人存天理,灭人欲"。这样,理欲之分就在于克尽私欲,实现天理。把理欲之分应用到人我关系上就是义利之别,人欲之私即为利,天理之公即为义。存天理灭人欲就要求以理节欲、以义导利,重义轻利,由此朱熹确立了以道德为本位的社会伦理观和政治哲学。

朱子理学建构了完整的教育理论体系。朱熹的教育目标是培养学生"明人伦",做"仁人"、"圣贤";道德教育是朱熹的教育理论的核心,认为"修德是本","明明德""止于至善",并把《大学》中"格物、致知、诚意、正心、修身、齐家、治国、平天下"的思想和《中庸》中"博学之、审问之、慎思之、明辨之、笃行之"写入学规,贯彻于教学活动中,以培养德才兼备人才;朱熹注重因材施教,根据学生不同的年龄特征把教育划分为两个阶段,15岁之前为小学阶段,15岁之后为大学阶段,明确"小学者学其事;大学者,学其小学所学之事所以""小学是直理会那事,大学是穷究那理因甚恁地"。[2] 朱熹很重视教育方法,认为教育应"循序而渐进,熟读而精思可也",则"意定理明",强调既要"致知"又要"力行","论先后,当以致知为先;论轻重,当以力行为重",知行并重,正所谓"知之愈明,则行之愈笃;行之愈笃,则知之愈明,二者不可偏废"。[3]

这里涉及"小学""大学"等概念。中国古代的教育机构或学校,分类较复杂。根据朝代的不同,如夏朝叫作"学""东序""西序""校";商朝为"学""右学""左学""序";汉代最高一级的学校称作"太学",下面分别称作"东学""西学""南学""北学"等等。根据学习程度可分为"大学"和"小学"两类,小学是初等(启蒙)教育,大学是在小学教育的基础

---

[1] 于晶. 朱熹书学研究[D]. 吉林大学, 2008.
[2]《朱子语类》卷七。
[3] 朱子语类. 卷十四[O].

上,进一步学习修身、治国、平天下的本领,以便日后参与国家治理。根据经费来源和管理不同,学校可分为官学和私学。明清时期,地方官学有府学、州学(县学)和卫学(所谓"卫学"是在军队驻地设立以教育"武臣子弟"的学校),还有社学(明清时期官府在地方(乡镇)设立的学校)。书院是私学,其正式的教育制度则由朱熹创立,发展于宋代,由富室、学者自行筹款,或置学田收租,以充经费。古代学校与现代学校有较大差异,如官学中的府学,为古代学、庙合一的府级教育机构,是学校与祭祀机构一体。社学相当于初等(启蒙)教育,县学和府学相当于中等教育,学院相当于高等教育。为表述的方便,一般情况下,本研究将上述各类名称的教育机构统称为学校。

必须指出的是,与朱子理学相关的概念还有朱子(朱熹)"理学"或"宋明理学""新安理学"等,都指的是中国古代的思想或学术体系,其体系的核心内涵基本一致,只是外延上有不同的侧重。

"理学",也称"宋明理学"或"新儒学""新儒家"。传统儒学经由宋、元、明时期理学家们的改造,道德信条式的理论发展成为理论化、体系化的世界观和方法论,可以说宋明理学是哲学化的儒学:以儒学的伦理道德为本位,以"理"为最高范畴,借鉴和吸收佛、道的思维思辨方式方法,实现了儒、佛、道三家思想的融合的儒家哲学思想体系。

四、新安理学

徽州古称新安。从地域看,理学奠基人史称"二程"的程颢、程颐祖籍在徽州府歙县篁墩,朱熹祖籍亦在此。"二程"与朱熹的理学,在故乡得到广泛传承和发展,"二程"与朱熹的故乡徽州被誉为"程朱桑梓""程朱阙里",也因理学奠基人出于新安,因而徽州理学又世称"新安理学"。从代表人来看,王国良认为:朱熹随父入闽后的居闽期间,一些徽州人士曾不远千里,前往受教求学。朱熹还与新安人士书信往还,互通音问。这不仅使朱熹理学在徽州地区广泛传播,而且通过徽州地区的门生弟子的发展,逐渐形成宋明理学的一个重要流派——"新安理学学派"。[1]朱熹曾三度回徽州省亲,每次逗留数月,所以徽州从其学者甚众。新安理学的主要代表和传人有:歙县的祝穆、吴昶、钱时、曹泾、郑玉、唐仲实、姚琏、吴曰慎,休宁的程光、程永奇、汪莘、许文蔚,祁门的谢琎、汪克宽,黟县的李希士,加上"理学九贤"即休宁县宋元明三代九位著名理学家——程大昌、吴儆、程若庸、陈栎、倪士毅、朱升、赵汸、范准、汪循,新安理学学派,人物众多,一时声势浩大。

历经数百年的积淀,新安理学及其历史文化遗存,对徽文化的形成和发展产生深刻影响,已成为徽文化的核心。徽州人自觉地肩圣贤而躬实践,为官者穷理正心,多为理学名臣;

---

[1] 王国良. 朱熹理学的传播与徽州和谐社会的建构[J]. 安徽大学学报,2009(4):36.

为学者以理为规,孜孜于圣贤经传;为商者守"仁义礼智信"伦理,"贾而好儒";家庭妇女也"坚守程朱学说……渐被砥砺,廉贞贤淑,扬馨殆成特俗"。[1]《茗洲吴氏家典》中李应乾《序》云:"我新安为朱子桑梓之邦,则宜读朱子之书,服朱子之教,秉朱子之礼,以邹鲁之风自待,而以邹鲁之风传之子若孙也"。[2]正如王国良在《朱熹与新安理学的价值》中所述:新安理学的重要特征就是注重实际实用,大力普及教育。徽州地区佛寺甚少,而书院众多,博得"东南邹鲁"之美誉。书院在南宋时已有14所,明清时期增至54所。书院、社学教学,皆以朱子为宗,取朱子之教,秉朱子之礼。朱熹哲学以生为性,重视生理、生存的本体特征赋予新安理学积极求生存的精神。新安理学的一个著名口号就是:洪范五福先言富,大学十章半理财。徽州地区山多地少,人口略有自然增长,就必须外出经商谋生,故徽人有外出经商的传统,并得到理学的支持。由于受到朱熹理学的影响,徽商贾而好儒。他们不仅自己好读儒书,培育儒商精神,而且支持家乡教育事业,建书院,办社学,鼓励家乡子弟努力读书。这与其他地区的商人形成鲜明对照。[3]

第五节 传播学、传播生态学

信息从此到彼、从甲到乙的流动就是传播。因此,传播是指信息的传递和信息体系的运行。本徽州社会"家风文化研究"中涉及明清时期徽州家风文化的传播生态状况,必然涉及传播学和传播生态学。

一、传播学

家风文化在徽州的传播,与传播者、传播媒介、传播内容、传播对象和传播效果等"五要素"息息相关。传播学就是研究传播者、传播媒介、传播内容、传播对象和传播效果及其规律的科学。

传播学作为一门学科,孕育于20世纪上半叶,形成于20世纪中期,是一门新兴学科,是在借鉴信息论、控制论和系统论等"三论",以及社会学、心理学、政治学等学科的理论基础上发展起来的。发展至今,传播学研究可以划分为三大基础学派:控制论学派、经验功能学派和结构主义符号学派。"控制论学派看重人机交流的理性功能设计;经验功能学派出于既定的政治和经济目的考察,对大众的劝说和暗示;结构主义符号学则探索符号——认识——

---

[1] (民国)《歙县志》.列女卷序文[O].石国柱修.许承尧纂.民国26年(1937)铅印本.
[2] (清)吴翟.茗洲吴氏家典[M].合肥:黄山书社,2006:19-20.
[3] 王国良.朱熹与新安理学的价值[N].光明日报,2003-05-20.

权力之间的相互运作。"[1]

　　文化如何传播以促进人类的解放、发展和社会的进步,是现代传播思想的核心。一些传播学者分别从不同角度探索传播理论,并提出了种类繁多的传播模式,诸如以文字、图形和数学公式等表述的各种模式。传播学家运用不同的模式来解释信息传播的机制、传播的本质,提示传播过程与传播效果,预测未来传播的形势和结构等。目前学界公认的传播学奠基人,具代表性的有五位:

　　拉斯韦尔(1902—1978,Harold Lasswell),是美国现代政治科学的创始人之一。提出了著名的传播学5W传播模式和传播"三功能说"。5W传播模式:谁(Who)→说什么(Says what)→通过什么渠道(In which channel)→对谁(To whom)→取得什么效果(With what effects)。"三功能说"为:环境监视功能、社会协调功能、社会遗产继承功能。

　　卢因(1890—1947,Kurt Lewin),犹太人。提出了信息传播中的"把关人"的概念。从整个社会的角度来看,传播媒介是全社会信息流通的把关人;从传媒内部来看,不同的媒介具有不同的把关人,从报纸、广播、电视等传统大众媒介来看,在新闻信息的提供、采集、写作、编辑和报道的全过程中存在着许多的把关人,其中,编辑对新闻信息的取舍是最重要的。

　　霍夫兰(1921—1961,Carl Hovland),心理学家,研究社会交往以及态度和信念改变的先驱。耶鲁大学的实验心理学教授。把心理学实验方法引入传播学领域,并揭示了传播效果形成的条件和复杂性,对否定早期的"子弹论"效果观起到了很大作用。

　　拉扎斯菲尔德(1901—1976,Paul F. Lazarsfeld),实验心理学与社会学家。拉扎斯菲尔德比其他任何人都更多地把传播学引向了经验性研究的方向,他认为,绝大多数广播电视节目、电影、杂志和相当一部分书籍和报纸以消遣为目的,对大众的鉴赏能力造成了影响。受众的平均审美水平和鉴赏力下降了。这对精英文化而言是一种堕落。他提出了"舆论领袖"和"两级传播"理论:传媒的信息通常经过人群中的信息活跃分子(舆论领袖)再传递(二级传播)。

　　施拉姆(1907—1988,Wilbur Lang Schramm),被誉为"传播学鼻祖""传播学之父",他设立了世界上第一个传播学研究所,主编了第一批传播学教材,开辟了传播学的新的研究领域,他被认为是传播学研究之集大成者。

　　传播学首先诞生在美国的原因,一则是因为20世纪上半叶,全世界尤其是欧亚大陆连续遭受了两次世界大战的祸害,而美国本土没有战火,人们生产生活环境稳定,技术的发明与应用未受到干扰,加之美国独特的地理位置及经济优势,众多科学家转迁并安居美国进行科学研究、技术发明。其二,在社会政治和日常生活中,美国人高度依赖大众传媒,大众媒介

---
[1] 陈卫星. 传播学是什么[J]. 博览群书,2004(1).

与立法、政府机构相互监督和制衡。其三,从学术理念来看,美国学人的学术研究立足于解决实际问题与实证,实用主义深入骨髓。为解决社会信息传播问题,美国学术界开始传播学研究。

传播学一经诞生,便快速地传遍美洲、欧洲和日本。美洲以美国为代表,加拿大随之跟进。在欧洲以英国为典型。英国人从20世纪60年代开始传播学研究,因研究关注的领域和方法的不同,出现了四大传播学学派:以麦奎尔为首的社会学派,以霍洛伦为代表的社会心理学派,以奇斯曼和加纳姆为代表的政治经济学派,以利兹大学电视研究中心为代表的职能学派。在亚洲的日本,传播学研究起步较早,始于第二次世界大战以后,有两大特点:一是沿袭外国主要是美国的理论体系,并着重发展了强调受众有权直接参加传播过程的社会参与论;二是着眼于实践。

传播过程的顺利进行,涉及"传播者(Who)→传播内容(Says what)→传播媒介(In which channel)→传播受众(To whom)→传播效果(With what effects)"等传播"五要素"。

传播"五要素"中的"谁(Who)"即传播者指的是借助媒介传递信息的主体,可以指某人,或指某群体,或指某组织。

传播"五要素"中的"传播内容(Says what)"指的是通过某种符号再现或表现的信息。

传播"五要素"中的传播对象即传播"受众(To whom)",指的是接受所传递信息的某人、某群体或某组织。

传播"五要素"中的"传播效果(With what effects)",指的是信息传递目标的实现程度或是受众因传递的信息而产生的变化和影响。

传播"五要素"中的"传播媒介(In which channel)"是一种联系甲事物与乙事物的介质,是一种渠道、物质实体、符号或技术手段,指的是信息传递所使用的渠道、信息符号的物质实体、符号或技术手段。目前学界熟知的媒介偏倚论,出自于加拿大传播学者英尼斯。英尼斯认为,要了解各种传播媒介传播思想、控制知识、垄断文化的实质,必先认识媒介的时间偏倚(Time bias)和空间偏倚(Space bias)的特性。偏倚时间的媒介是某种意义上的个人的、宗教的、商业的特权媒介,强调传播者对媒介的垄断和在传播上的权威性、等级性和神圣性。但是,它不利于权力中心的控制。偏倚空间的媒介是一种大众的、政治的、文化的普通媒介,强调传播的世俗化、现代化和公平化。因此,它有利于帝国扩张、强化政治统治,增强权力中心的控制力,也有利于传播科学文化知识。因此,任何传播媒介若不具有长久保持的特性来控制时间,便会具有便于投送的特点来控制空间,二者必居其一。人类传播媒介演进的历史,是由质地较重向质地较轻、由偏倚时间向偏倚空间发展的。而在另一位传播学者——麦克卢汉的眼中,媒介和社会的发展历史同时也是人的感官能力由"统合"—"分化"—"再统合"的历史。这个观点具有重要的启发指导意义,但它不是严密的科学考察的结论,而是建立在感知基础上的一种思辨。麦克卢汉也未能清晰定义的关于"热媒介"与"冷媒介"[1]的理论，尽管不少人认为他如此分类本身并没有多少科学和实用价值，但这种分类揭示出不同媒介作用于人的方式不同，引起的心理和行为反应也不同，研究传播媒介问题就该把这些因素考虑在内。麦克卢汉的媒介论开拓了从媒介技术出发观察人类社会发展的视角，并强调了媒介技术的社会历史作用，但其理论存在三方面缺陷：一是把媒介技术视为社会发展和变革的唯一决定因素，而忽略了生产关系和社会关系等各种复杂的社会因素的作用；二是忽视了人的主体性和能动性；三是全部依据都集中在媒介工具对中枢感觉体系的影响上，并由此出发解释人类的全部行为。

从媒介情境论上诠释媒介的梅罗维茨认为，应把情境（场所）视为信息体系，每种独特的行为需要一种独特的情境，电子媒介促成了许多旧情境的合并。这些，便于人们理解媒介对社会环境和人们社会行为的影响，但却未充分考虑社会意图对媒介的影响。

二、传播生态学

"家风文化"为什么会在徽州社会传播，是否受到干扰，能否顺利进行，传播是否有效等，取决于其时的传播生态。

传播生态学是用生态学原理与方法，来研究传播生态现象和传播生态问题的科学。

20世纪90年代以来，生态学在世界范围内已成为一门热门学科，这不仅表现在生态学本身的发展，还表现在生态学同其他学科不断相互渗透与相互交叉，从单一的自然科学走向自然科学与社会人文科学的互动发展上。生态学与传播学及其他学科的相互渗透与相互交叉，有力地促进了传播生态的研究，促进了传播生态学的产生与发展。

"传播生态"概念内涵至少涉及生态学、传播学、社会学等多学科。但目前该概念的含义或界定，在不同研究学科领域内有不同表现，并往往从各自研究的主题、目的和重点出发进行定义。就本研究而言，徽州社会"家风文化"的生成发展，与传播息息相关，对"传播生态"概念的内涵予以界定，是展开研究的重要基础，研究徽州社会"家风文化"就有必要对这一概念的内涵予以分析与界定。

在人们关于传播生态的研究中，生态学理论是一个共同的根基与出发点。因此，有必要在对徽州社会"家风文化"的"传播生态"概念内涵进行分析与界定之前，对"传播生态"中的"生态"概念进行理论上的廓清。

---

[1] 麦克卢汉未能清晰定义"冷媒介""热媒介"概念。大多数人认为，麦克卢汉所谓的"冷媒介"，指的是传播内容信息量少而模糊、受众需多感官配合、创造性理解的媒介，如口语、手稿等；反之，麦克卢汉所谓的"热媒介"，指的是传播内容信息量多而清晰、受众无需多感官配合、无需创造性理解的媒介，如照片、无声电影等。其实，在麦克卢汉著作中，其对媒介如此分类，标准没有一致性，且时有矛盾。——转引自徐谋昌. 生态学哲学[M]. 昆明: 云南人民出版社, 1991: 12.

"生态"一词源于古希腊,意思是指家或者环境。在汉语语境里,"生态"之"生",指生物、生命和生存;"生态"之"态",即景象、状态或某种关系。生态就是指一切生物、生命的生存景象或状态,以及它们之间和它与环境之间环环相扣的关系。

生态学的产生,人们是从研究生物个体开始的。如今,"生态"概念有关的学科领域越来越广,生态学已经渗透到大多数人文社科研究中。

生态学是研究生物、生命相互关系及其与生存环境间关系的一门学科。"生态学"这一词是由德国生物学家海克尔,于1866年在《普通有机体形态学》一书中首次提出的,由此形成了生态学这门学科。海克尔指出,"我们可以把生态学理解为关于有机体与周围外部世界的关系的一般学科,外部世界是广义的生存条件。"[1]这里,海克尔把生态学定义为研究有机体及其环境之间关系的科学。因此,可以说,生态学的研究对象主要包括有机体和环境两部分,研究内容则主要是有机体及其环境之间的互动关系。这种互动关系即生态关系。

生态学的知识体系是在20世纪中期逐渐形成并完善起来的。因为20世纪中期以后,在后现代经济与文化语境中,人类赖以生存的环境问题日益突出,由此引起的理论问题十分尖锐,在这种背景下才逐渐形成了真正意义上的现代生态学。如1962年美国女作家卡尔松出版了《寂静的春天》,在书中作者就将技术革命对生态环境带来的破坏通俗易懂地阐述了出来。

随着生态学的迅速发展,生态学逐渐突破纯粹自然科学研究的范围,并被运用到其他学科中。生态学在社会科学、人文科学中的运用主要是其体系思维与方法的运用,被称为生态方法。美国著名学者雷格斯对生态研究的界定为:生态研究乃是研究组织体系和其环境之间的交互行为形成。因而,将生态理论运用于传播研究的传播生态学,也就是借用生态学"相互关联制约"的机理和相关性的体系研究,将生态学的整体观点和体系思维运用到对传播问题的观察和理解之中。王晓阳在《我国医学学术期刊的媒介传播生态研究》一文中提出,在现有的关于传播生态的研究中,往往是把研究限定在媒介与其中一种环境的互动,并因此形成了两条不同的研究路径。最典型的就是国内与国外传播生态研究上存在的差异。以美国为代表的国外传播生态学侧重人与传播环境的研究,即把传播环境看做是社会信息体系的一个子体系,通过采用文化研究和人类学研究方法等,从人出发,研究它的运作规律以及人与它的相互关系。国内的研究则主要是侧重于传播媒介与其生存环境的研究,把对传播媒介生存发展影响巨大的社会政治经济和人文环境、市场竞争环境等作为一个生态体系,主要是运用一些接近于政治经济学和经营管理学的方法,研究传播媒介与它的互动关系。

---

[1] 转引自徐谋昌. 生态学哲学[M]. 昆明:云南人民出版社,1991:12.

简言之,国外传播生态研究注重传播影响作用后的环境即充满符号互动的意义环境,而国内传播生态研究注重传播媒介生存发展的环境,即物理的实在环境。两者在研究倾向上存在的这种偏差,直接就体现在对"传播生态"概念的理解与界定上,加之传播生态学是一门新兴学科,研究者的研究目的和着眼点不同,因而对"传播生态"概念的使用也经常出现与其他相似概念的换用,如"传播环境""媒介环境""传播生态"等等。

美国学者大卫·阿什德在《传播生态学——控制的文化范式》中对"传播生态"的界定为:"在最宽泛的意义上,传播生态指的是信息技术、各种论坛、媒体以及信息渠道的结构、组织和可得性。"这表明,传播生态就是传播形态超出它作为媒介的范围,深深地介入现实环境,和宗教、文化、政治、法律、商业、民间组织等产生频繁的符号互动,并因此形成一个意义环境;它实质上就是指传播行为发生的具体环境,这种环境除人自身的因素外,最重要的就是传播技术的特性;而在人与技术的互动过程中,传播生态就逐渐形成。[1]为此,大卫·阿什德提出了"传播生态的模式":

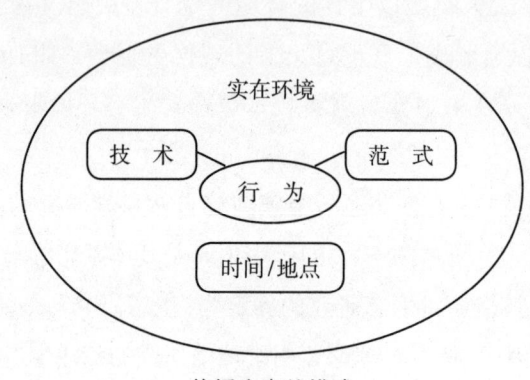

传播生态的模式

从大卫·阿什德提出的"传播生态的模式"可以看出,"任何行为都牵涉到一种范式和一种技术;而范式和技术则显示作为其结果的行为的时间与空间的中心和结构。"[2]换言之,现实环境中发生的社会行为,通过技术(主要是传播技术)按照一定的传播模式对其经验、内容等进行选择、组织之后,展现为具有特定时间与空间结构——经由传播改变之后的时空结构——的社会行为。因此,大卫·阿什德的"传播生态观"主要集中研究传播活动通过技术和特有的传播模式对社会活动的渗透与控制。

大卫·阿什德还提出,他之所以用"传播生态"是基于如下考虑:生态暗指着传播过程和互动的各种关系;意味着为一个话题提供了一个空间和关系的基础,这指的是某种媒介的

---

[1] 大卫·阿什德.传播生态学:控制的文化范式[M].北京:华夏出版社,2003:2-13.
[2] 大卫·阿什德.《传播生态学:控制的文化范式》[M].北京:华夏出版社2003:9.

特点依赖于指定的要素组合,而这种关系的出现对传播(技术)的存在和运行是基础性的;生态具有发展的、偶然的和突发的特点,暗含着动态的观点。总之,"生态"表明出相互依赖相互联系的共生关系,是一个变动不定的流动的结构,传播过程的任何一部分发生变化都可能会影响到另一部分[1],此即对"生态"最基本涵义的理解与运用。

国内学者对传播生态的界定是:某一特定时代中传播媒介的各构成要素之间相互关联制约而达到的一种相对平衡的结构;并认为传播生态包含诸多因素,主要有一定时代的政治文化氛围、经济发展水平、文化境界、身份背景等。

邵培仁的《传播生态学》指出:"所谓传播生态,是指在一定社会环境中媒介各构成要素之间、媒介之间、媒介与外部环境之间关联互动而达到的一种相对平衡的和谐的结构状态。在这里,传播生态所关注的是环境而不是机器,是全局和整体而不是局部和个体,是相互关联的关系而不是独立封闭的机构。"[2]

支庭荣的《大众传播生态学》认为,传播生态有三个层次:一是作为传播原生态的管理、技术、媒介专业;二是作为传播内生态的传播活动和现象;三是作为传播外生态的传播制度安排。这三个层次分别对应其组织属性、信息属性和社会属性。

蔡凯如将传播生态界定为:某一社会的传播现象或传播活动所处的区域与全球的政治、经济、文化产品交叉互动的环境。

丁海宴提出,传播生态即与传播相关的诸多联系,以及由联系所构成的整体环境和氛围,简单地说,就是一件事(一个问题等)与其相关的各种联系,并由联系所形成的新的状态和氛围。

张迈曾对传播生态作了一个相当全面与细致的界定。他认为,如果经验范围主要提供了个人传播的环境要素,那么,社会环境、文化环境、心理环境则构成了广义的传播环境。他提出,传播环境虽是传播过程的外部因素,但同时也是一个不可或缺的因素;对传播环境的考察,实质上是对影响传播效果的宏观因素的多层面综合性分析。不同的社会政治制度就会有不同的传播制度,这是传播环境在实质上的体现;而一个国家经济、科技的发展水平,直接影响着居民的媒介平均拥有量、媒介的普及程度以及媒介的传播技术,这是传播环境在量上的反映。

刘明洋发表在2011年1月《青年记者》上的《认识媒介:品牌传播的战略起点》一文指出:"媒介因其不同的传播方式、传播手段、传播技术,以及相应的内容制作方面的差异,客观上分成不同的媒介。众多的媒介集中在一起,就构成了"媒介场"。在这样一个"媒介场"

---

[1] 大卫·阿什德.《传播生态学:控制的文化范式》[M].北京:华夏出版社2003:9.
[2] 邵培仁.《传播生态学》[M].北京:中国传媒大学出版社2008:5.

里面,同类媒介之间存在着竞争与合作,不同类媒介之间也存在着竞争与合作。如此,就会导致传播生态结构的持续变化。以媒介本身为中心关注传播生态,我们就会明了不同媒介与其生存发展环境的关系,以及媒介本身的相关问题。诸如,媒介是什么,媒介的工作原理如何,媒介能做什么,等等;还可以明了一种媒介与另一种媒介的差异,包括哪些人会选择哪种媒介,哪种媒介的使用费用会更高,哪种媒介提高内容价值的路径更好,等等;还可以明了,在大的媒介场里,哪种媒介是增长性的,哪种媒介是下降性的。以人类为中心关注传播生态,则可以明了人与媒介环境的相关问题。

通过比较与分析国内外学界对"传播生态"的不同界定,可以发现,不论是国外偏重于对传播活动作用之后意义环境的研究,还是国内偏重于传播所处的多个层面生存环境的研究,都或多或少地涉及以下几个要素及要素的互动:传播外界现实环境、传播自身环境、传播意义环境以及彼此间的互动。

本研究认为,所谓传播生态是以传播体系环境为中心展开的,主要研究传播活动与其生存发展环境的问题。其中,传播生态体系环境是传播生态学研究的基本单位,也是传播生态学研究的核心问题。传播生态体系环境可以分为外界现实环境体系、自身环境体系和意义环境体系。

所谓外界现实环境体系,主要指构成媒介传播活动的社会大环境和自然地理环境,包括社会政治形态、经济状况、思想文化及其互动构成了传播外界现实环境等要素。

所谓自身环境体系,主要指媒介传播活动赖以进行的内部环境,包括传播者、传播媒介与内容、传播技术、传播时空等要素。

所谓意义环境体系,主要指在媒介传播的外界现实环境与自身环境的共同作用下,产生出的传播影响和效果,包括受众反应、社会反应等要素。

为表述的方便,我们把外界现实环境体系称为"传播外生态",自身环境体系称为"传播内生态",意义环境体系称为"传播新生态"。"传播外生态""传播内生态"和"传播新生态"三者相互关联、相互影响,在动态与平衡中一起构成了整体意义上的传播生态。传播生态模式如下图:

因此,徽州社会家风文化传播的传播外生态,即家风文化在徽州的传播中的外界现实环境体系,主要指构成家风文化在徽州传播活动的社会大环境和自然地理环境,包括社会政治形态、经济状况、思想文化及其互动构成的传播外界现实环境等要素。

徽州家风文化传播的传播内生态,即家风文化在徽州的传播中的自身环境体系,主要指家风文化在徽州传播活动赖以进行的内部环境,包括传播者、传播媒介与内容、传播技术与受众等要素。

徽州家风文化传播的传播新生态,即家风文化在徽州的传播中的意义环境体系,主要指家风文化在徽州传播的外界现实环境与自身环境的共同作用下,产生出的传播影响和效果,包括受众反应、社会反应等要素。

本研究认为,徽州社会家风文化的传承发展,根据在于传播生态,传播生态对其产生关键影响。

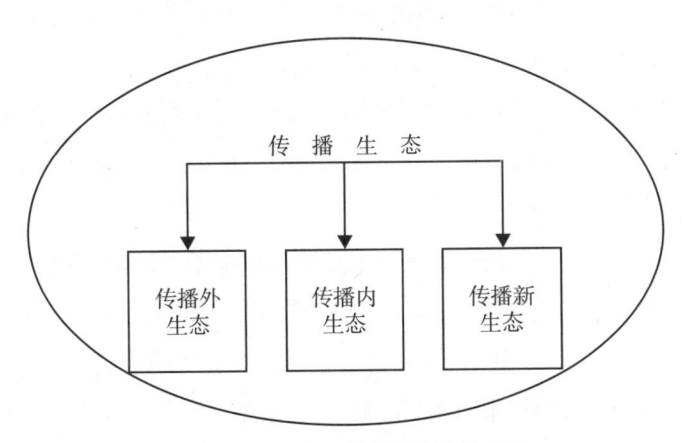

本研究所设计的传播生态模式图

徽州休宁县齐云山北麓的登封桥。登封桥上望一眼,高瞻远瞩福不浅;登封桥上走一走,延年益寿九十九。清乾隆五十三年由黟人胡学梓独资重建。(张小玉 摄)

第二章　明清时期徽州社会的精神明灯

研究明清时期徽州社会的家风文化，绕不过去的必须谈到朱熹。因为无论是时间上的明清社会，还是空间上的徽州社会，在这一时空语境里，在明清时期徽州社会家风文化中，朱熹及朱子理学都是精神内核。

东周出孔丘，南宋有朱熹。中原文化和山越文化的融合，形成了徽州文化。到明清时期，程朱理学发展为徽州文化的内核。徽州作为"朱子桑梓之邦"，并浸润出以宗族为基础的徽州家风文化。理学之集大成者朱熹，此时已是徽州社会的明灯。

朱熹祖籍徽州，但生于闽北、长于闽北，终老于闽北，其一生71岁，除在外为官9年外，有62年在闽北度过。不过，朱熹保有一世的徽州情缘。

出生于闽北尤溪的朱熹，14岁到达武夷山，定居了近半个世纪。在武夷山，朱熹建立起一座书院，这就是日后被誉为理学圣地的中国最有影响的"紫阳书院"。朱熹在这里讲学、著述、思考，传承孔孟儒学，继承周敦颐、"二程"，兼采释、道各家思想。朱熹一生，著述丰富，共有著作600余卷，总字数2000万左右。主要有《周易本义》《启蒙》《蓍卦考误》《诗集传》《大学中庸章句》《四书或问》《论语集注》《孟子集注》《太极图说解》《通书解》《西铭解》《楚辞集注辨正》《韩文考异》《参同契考异》《中庸辑略》《孝经刊误》《小学书》《通鉴纲目》《宋名臣言行录》《家礼》《近思录》《河南程氏遗书》《伊洛渊源录》等。《文集》一百卷，《续集》十一卷，《别集》十卷，阁人辑录的《朱子语类》一百四十卷等，初步构成了一个庞大的哲学体系——朱子理学说。

朱子理学说的出现，标志着理学发展到了成熟的阶段。朱子理学在中国元明清三代，一直是封建统治阶级倡导的官方哲学，曾在东亚和东南亚国家中占据统治地位达很多世纪，在世界文化史上有重要影响。

朱熹　图

第一节 朱熹的徽州情缘

出生于福建尤溪的朱熹,祖籍为徽州的(府治歙州)篁墩村,后迁徽州婺源。

一、"程朱阙里"篁墩

本研究经梳理史料发现,朱熹家世可追溯到唐代。朱氏迁徙至徽州的始祖是朱涔(又名山陵、师古),唐乾符五年,为躲避战乱,挈全家自金陵迁歙州(徽州府治)篁墩。朱涔生四子,后慢慢繁衍并形成朱氏四脉:长子朱古训,南唐任杨行密幕将,后裔迁金陵,形成金陵朱氏支脉。二子朱古僚、三子朱古祝移居婺源,形成婺源朱氏一脉。老四朱古佑,唐宣宗进士,官至监察御使,后裔居河南偃师,这就是偃师朱氏一脉,宋代宰相朱胜非就是此脉后人。

篁墩"程朱阙里"牌坊 图

篁墩依山傍水,风光秀丽,乃徽州"新安士族"的发源地,研究和了解徽州、徽州人的历史,都要在这里寻根。素有"程朱阙里"之称,被誉为"徽州文化第一村",不仅朱熹祖籍在篁墩,盛行中国数百年的程朱理学的奠基者程颐、程颢的祖居地也在此(朱熹亦是程颢、程颐的三传弟子李侗的学生)。篁墩成为"洛闽溯本"的"程朱阙里",历来被学术界尊称为"儒教圣地"。[1] 朱子倡读书,认为穷理之要,必在读书,受此影响,徽州文风昌盛,人们知书达理。弘治《徽州府志·风俗》记载:徽州自朱子之后,为士者多明义理,誉为"东南邹鲁"。如今,篁墩村有一条朱家巷,有一幢朱氏宗祠,有两座朱氏祖墓,有程氏祠堂,还有一座闻名遐迩的"程朱阙里"牌坊,已成为历史的见证。[2]

二、朱熹的家世认定

朱氏四子所形成的支派中,最望的是三子朱古祝这一支。这一支的朱瑰,乃唐昭宗进士,唐末任歙州刺史,收复婺源,全家自歙州篁墩迁婺源茶院,并形成朱氏茶院派。宋元两朝大学者朱熹、朱弁皆出此支,其后裔又迁福建、浙江、江苏、湖南、广东等地并形成朱氏望族。

---

[1] 参阅《安徽古村落:徽州篁墩的前世今生》,中安在线2016年5月26日。
[2] 参阅李雨桐、程堂义、张体云《理学大家朱熹与徽州》,《巢湖日报》2015年2月11日。

这从朱熹的《婺源茶院朱氏世谱序》中得到印证。南宋淳熙三年(1176),朱熹因省亲返回婺源,与族兄朱然共同修订了《婺源茶院朱氏世谱》,朱熹写了《婺源茶院朱氏世谱序》。在该序中,朱熹对自己的家世作了简要的说明。其《序》云:"熹闻之先君子太史吏部府君曰,吾家先世居歙州之篁墩,相传望出吴郡……唐天祐中,陶雅为歙州刺史,初克婺源,乃命吾祖领兵三千戍之,是为制置茶院。府君卒,葬连同,子孙因家焉。"关于自己的家世,朱熹认定茶院公朱瑰为一世,从茶院公朱瑰一世以下,传承九代而至朱熹。自朱瑰戍守婺源,官制置茶院,整个家族就在此定居下来,不再迁徙。朱瑰去世后,墓葬于婺源的连同,所以,朱熹把茶院公朱瑰作为婺源始祖,而自称茶院公九世孙。

还有一史料。朱熹在《名堂室记》一文中曰:"紫阳山在徽州城南五里,先君子故家婺源,少而学于郡学,因往游而乐之。既来闽中,思之独不置,故尝以'紫阳书堂'者刻其印章。盖其意未尝一日而忘归也。既而卒不能归,将殁,始命其孤熹来居潭溪之上,今三十年炎。负病苟活,既不能反其乡,又不能大其阊闾以奉先世。然不敢忘先君子之志,敬以印章所刻榜其所居之厅事。"[1]思乡之情,真真切切,跃然纸上。

朱熹的父亲朱松(1097—1143),字乔年,号韦斋,生于婺源。曾于徽州歙州学宫读书,住在南门紫阳山。歙州富商祝确处士器重朱松,以女妻之。这就是朱熹的生母祝夫人。朱松也是著名的理学学者,曾游程门弟子罗从彦门,问河洛之学,其理学思想对朱熹一生有深刻的影响。

北宋政和八年(1118),朱熹之父朱松在徽州以上舍登第授迪功郎,任政和县尉。第二年,朱松举家徙闽,成为婺源茶院朱氏入闽始祖。

三、朱熹的故土情结

入闽后,朱松因经济拮据不能返徽州,故尝以"紫阳书堂"刻其印章。

后来,朱熹继承父志,亦以"紫阳书堂"名其居,并自撰《名堂室记》:"紫阳山在徽州城南五里,先君子故家婺源,少而学于郡学,因往游而乐之。既来闽中,思之独不置,故尝以紫阳书堂者刻其印章,盖其意未尝一日而忘返也……"[2]因此,后人都以"紫阳"称朱子,朱子之学也称"紫阳之学"。朱熹在其序、跋和论著中,也多署称"紫阳朱熹"或"新安朱熹"。地因人重,歙县不仅建有书院曰"紫阳书院",而且桥曰"紫阳桥",城门曰"紫阳门",村曰"紫阳村"。婺源还有"紫阳镇"。

朱熹念念不忘故土,宋绍兴十八年(1148)进士及第后,曾三次回徽州省墓、探亲。第一次于绍兴二十年(1150)春,回婺源省墓,赎归其父质田百亩,请族中父老主供祀事;同时,到

---

[1] 朱熹. 名堂室记. 中华民国. 尤溪县志. 卷九. 艺文上.
[2] 弘治《徽州府志》卷七《儒硕·朱松》。

歙县紫阳山拜见外祖父祝确处士。第二次于淳熙三年(1176)春二月,回徽州,由蔡西山陪同,由闽取道浦城,经浙江常山、开化归婺源,遍走山岗先祖墓地祭祀,并撰写《归新安祭墓文》,在汪氏敬斋为乡人子弟讲学,为《婺源茶院朱氏世谱》作序;同时,又到歙县紫阳山拜谒祝确处士故庐,讲学于老子祠,并题"旧时山月"四字。共历时百余日,至六月初旬乃去。第三次于庆元二年(1196)九月回徽州,曾在府城天宁山房讲学。参加会讲的有他在徽州的学生滕璘、程洵、祝穆和后来创办紫阳书院的赵师端兄弟等三十余人,讲学间朱熹答问语录十四条。朱熹回闽后,一直怀念徽州故里与其外祖父,并作《对月思故乡》[1]和《外大父祝公佚事》[2]等诗文,思乡之苦,溢于言表。朱熹每次回徽州,皆讲学授徒。回闽后又与徽州子弟信件不断,对入闽的徽州子弟更是循诱不倦。据《紫阳书院志》载,徽州先后受业者甚多,其中德行最高,并有记述可传的有十二人:婺源的程洵、滕璘、滕珙、李季;歙县的祝穆、吴昶;

---

[1] 朱熹《对月思故乡》全诗为:沉沉新秋夜,凉月满荆扉。露泫凝余彩,川明澄素晖。中林竹树映,疏星河汉稀。此夕情无限,故园何日归。

[2] 朱熹《外大父祝公佚事》全文为:外家新安祝氏,世以资力顺善,闻于州乡。其邸肆生业几有郡城之半,因号半州。祝家有讳景先者,号二翁,尤长者,元祐黄太史,尝赞其画像广幅全身,大书百许字,词甚玮经乱而逸。熹少时更外大父犹能颇颂其语,至诸舅则皆已不复记忆矣。二翁诸子皆读书,外大父其第二子也,讳确,字永叔,特淳厚孝谨。少时间,父母甚为谋婚,逃避累日,家人紧索,得之犹涕泣不能已。问其故,则曰:"审尔则将不得与父母、昆弟早夜相亲矣。"亲丧卜葬下,手植名木以千数,率诵佛书若干过,乃植一木,日有常课以终制而归,则所植已郁然成荫矣。一兄一弟先后死熙河,皆亲往致其丧,往返徒走,不啻万里,所舍辄悲号。上食如礼,夜寝柩旁,不忍跬步离去,路人皆叹息。诸弟求析其产,公独馨已货,以谴之。其一归同郡汪公勃,汪公后登二府,终身德公,不能忘人,两贤之岁大疫,亲舅有尽室,卧病者人莫敢闯其门。公每清旦辄携粥药造之,遍饮食之,而后反日以为常,其他济人利物之事不胜计。虽倾赀竭力无吝色,乡人高其行,试学又多,占上列郡博士请录其学事,时三舍法行,士子无不由庠序以进公从容其间。若无所为而后生得所矜式,咸敬服焉。熹先君子于时,亦为诸生年甚少未为人所知,公独亲重,以女归之。后卒,以文学致大名士,乃以公为知人。方腊之乱,郡城为墟。乡人有媚事权贵者,挟墨敕徒州治北门外,以便其私而所徒洼下潦,涨辄平地数尺,众皆不以为便。将列其事,以诉诸朝者余二千人,而莫敢为之首,公奋然以身任之。其人忿疾,复取特旨,坐公以违祠笔之罪。公为变姓名,崎岖逃遁,犹下诸路迹捕不置,如是累年,时事变更郡小破散,然而得免,而州治亦还故处。乡人至今赖之,而公之家资财力不能从如往时矣,然终不以为悔也。比其晚岁,生理益落,而好施不少,衰年八十三以终。娶同郡喻氏,亦有贤弟行,生二男一女。伯舅莘娶张氏,其先以治狱,有阴功王宣徽拱辰所传张佛子者也。次即先夫人,德性特似公,其行事自见传家。叔舅峤少敏悟有文长,从先君子游闻伊洛之风而悦之,然求举辄不利,喻夫人及伯舅既卒,叔舅后公十余年,亦即世。今惟伯舅之子,康国居建之崇安,叔舅之孙回居剑之尤溪,而康国二子已握发能诵书矣。熹惟外大父之淳德高行,先人后己。其诚心所格,因宜有后,而康国母家所积之远,又如是天之报施,其将在于此乎。窃感陶公作孟府君传,及近世眉山苏公亦记程公遗事,不胜凯风寒泉之思,因书此以遗康国,使藏于家时出而诵习之,其励其子孙。又记尝闻先夫人说:"第四外叔祖,豪侠不羁,蚤从黄太史游黄公谪黔中,因以客从黄公贤之。为更名林宗,而字之曰有道,与之讽泳书札甚多,皆不存。独所为书柳如京皇考志,世或传其墨本姓氏尚可见耳。"先夫人及叔舅少时犹及见其道说,黄公言行甚详,酒酣悲歌感慨凄切,绝不类世俗音调。问其所以,则曰:"黄公之遗声也。"此事外家兄弟亦少闻者,因附记于此云。熹既叙此事,收书以遗济之弟未果,而济之复以疾不起,其二子丙癸相从,于建阳因书界之,俯仰今昔为之流涕不能已。

绩溪的汪晫;休宁的程先、程永奇、汪莘、许文蔚;祁门的谢琎。[1]后来这些人都成为新安理学的传人。

第二节 举家入闽

1118年,朝廷任命朱熹之父朱松为建州政和县尉。

一、入闽任职

北宋宣和元年(1119),朱松举家入居政和。此次朱氏入闽,一行有朱松的父、母、妻,两个弟弟,两个妹妹等共八人。

宣和二年(1120),朱松的父亲朱森去世。据《朱文公文集·朱府君迁墓记》所载:"贫不能归,因葬其邑。"朱松将父亲朱森葬于现今的福建省政和县铁山镇凤林村护国寺西庑外的索谷。按照古代仪礼,父丧,子当庐墓三年。朱松离职守孝三个春秋。

北宋宣和五年(1123)三月,朱松调南剑州尤溪县尉,七月到任,于是辛苦奔波于尤溪与政和之间。

宣和七年(1125)五月朱松任期届满。

南宋建炎四年(1130)九月十五日,朱熹出生,乳名沈郎,全家住在尤溪县城水南郑义斋馆舍(今南溪书院)。

绍兴二年(1132)夏至绍兴四年(1134)秋,朱松任泉州安海石井镇(今晋江市安海镇)监税。朱熹随父在闽南生活了两年。

绍兴四年(1134)秋,朱松因州守谢克家举荐,赴杭州任秘书省正字。同年九月,朱熹祖母程氏夫人逝世,朱松辞职返闽,居政和庐墓守丧,直至绍兴七年(1137)。

朱松先后在政和居住了十多年。朱熹在政和随父读书,度过了他的儿童时光。

绍兴七年(1137),朱松应召入都。赴都之前,他把妻子祝氏和朱熹送到建州浦城居住。朱熹结束了在尤溪的生活。

绍兴九年(1139)一月,高宗赵构布诏天下,与金议和。当时,朝野形成了主战派和主和派。朱松因不附和秦桧和议,被罢朝官,转承议郎任职饶州(今江西波阳)。他辞职请辞,得主管浙江台州崇道观。宋代规定,祠官可住地听便,领取原官职一半的俸禄以维持生计。这时,朱松举家迁居建安(今福建建瓯市)。建安乃建州州治。福建之名就因"福州"和"建安"而来。

绍兴十三年(1143)三月二十四日,朱松病逝于建安城南,享年47岁。其时朱熹13岁。

---

[1] 参阅汪银辉.朱熹理学在徽州的流传与影响,江淮论坛.1984(1).

朱松临终前将朱熹托付给福建崇安五夫（今武夷山市五夫镇）的好友刘子羽（1096—1146，字彦修），命朱熹拜之为义父。朱松并托付五夫的刘子翚（屏山）、刘勉之（白水）、胡宪（籍溪）等三位学养深厚的儒士代为教育朱熹。

绍兴十四年（1144），14岁的朱熹遵父遗嘱，奉母带妹移居崇安五夫。义父刘子羽在其舍傍筑舍安置朱熹一家，取名紫阳楼。

二、读书与科考

五夫是一个文化醇厚、风俗古朴的历史古镇。据《五夫里志》记载："东晋中后期，有蒋氏者，官至五刑大夫，故有五夫之命名。"唐五代，自中原胡氏、刘氏、连氏、彭氏和吴氏等家族迁居五夫里时，这座古镇即具雏形。至宋代，这座古镇开始兴盛，人才辈出。宋词"婉约派"的宗师柳永（其父柳宜，北宋工部侍郎。长兄三复，仲兄三接皆为进士）及其家族"柳氏三杰"，被钦定为经筵读本《春秋传》作者一代名儒胡安国及其子侄（一家十儒），素有"三忠一文"的刘韐、刘子羽、刘珙和刘子翚，抗金名将吴玠、吴璘兄弟等都生长在这块沃土上。后来由于朱熹集宋代理学之大成，创立了朱子理学，为闽北、为福建古代文化思想史翻开了新的一页，五夫小镇名扬遐迩，遂被称为"小邹鲁"。

朱熹义父刘子羽历任封疆大使，曾于川、陕等地英勇抗击金兵，有战功。绍兴八年，他入朝任朝议大夫，与时任著作郎的朱松成了志同道合的知己。绍兴十二年（1142），刘子羽因主战，与主和派意见相左，受排挤回五夫里，闲居于家。

在五夫，朱熹首先从学于刘子翚（1101—1147，字彦冲，号病翁，人称屏山先生）。刘子翚以文学知名，建炎二年（1128）曾出任兴化军通判，后借病辞归武夷山，以主管武夷山冲佑观之职，一直闲居在家。他创办了屏山书院，朱熹到五夫后，即在屏山书院就读，一直到绍兴十七年（1147）十二月六日刘子翚病逝。

在刘子翚去世的这年，朱熹参加建宁府的乡贡考试，中得举人。

绍兴十八年，朱熹赴临安（今杭州）参加礼部的会试。他考中王佐榜第五甲第90名，赐同进士出身。此前正月，与刘勉之之女结婚。

刘子翚逝后，朱熹从学刘勉之（1092—1149，字致中，号草堂）。刘勉之乡贡选拔入太学，后弃学回故乡崇安白水。他师事杨时，为程门再传弟子。刘氏一生隐居，学问很高，名气极大，号为建州名士，宋高宗曾专门召其入京。刘勉之于绍兴十九年（1149）二月十日逝世，享年五十七岁。

朱熹在五夫从学三位先生的最后一位是胡宪（1085—1162，字原仲，也被称之为籍溪先生）。胡宪从学叔父胡安国，绍兴三年（1133）以乡贡入京师太学，与刘勉之为太学同窗。绍兴六年，赐进士出身，出任建州州学教授，后以母亲年老请辞回乡。胡宪是朱熹《礼》学的启蒙老师，他的《论语会议》成为朱熹《论语集注》的一个蓝本。

五夫的刘子羽、刘勉之、胡宪三位先生对朱熹的影响主要是在文学和禅学方面。虽然他们都是儒士,但又都是佛门信徒。当朱熹向他们请教为学之要时,三先生都告诉他,要想将所学一切融会贯通,必须有心灵之悟。而心灵之悟的秘诀,已全部包含在禅学之中,所以禅宗对朱熹影响较深。

绍兴二十一年(1151)春,21岁的朱熹到了临安,参加吏部铨选考试(按照当时的规定,凡中进士者可直接授官,仅赐出身者须再铨试合格方许入仕)。铨试通过后,朱熹被授予左迪功郎(宋制文官最低一级)、泉州同安县主簿待次。所谓待次,即在家等候上述官职缺员,至另有通知之日赴任。

三、讲学治学

朱熹求学五夫诸贤后,拜识了道谦和尚,狂热地迷上了禅学。道谦和尚与胡宪、刘子羽、刘子翚和刘勉之等人交情甚密,经常相聚一堂,谈禅说法,儒禅相论。道谦(1105—1152)俗姓游,五夫里人。他幼年失去双亲,在五夫里的开善寺削发为僧。后来,道谦北游东都,先后问法于长灵守卓、圆悟克勤,无所省发,最后师从大慧宗杲始得佛法。道谦得法后,于绍兴九年还家,住持里中仙洲山之密庵,四众云集,香火鼎盛。绍兴十六年秋,道谦应刘子羽的邀请,来到刘家附近的开善寺做主持。朱熹仰道谦之高名,道谦喜朱熹之多思,二人一见如故。数日后,朱熹焚香礼拜,郑重请问禅学之事。从此,朱熹几乎每天前往开善寺,终日聆听道谦说法。回到家中,便将不解之处苦苦思索,留待见面再问。

屏山书院,系刘子翚奉祠归隐后创建,原为刘氏家塾,名"六经堂"。五夫"三先生"相继逝世后,屏山书院的教学一度由朱熹接管。

康熙《崇安县志》记载:朱熹"年方弱冠,闻其风者,已知学之有师,而尊慕之"。远道前来求学的学子络绎不绝。这时,从学朱熹的门人有林用中、范念德、李宗思、蔡元定、何镐、刘清之和詹体仁等。

在这期间,朱熹陆续写成了一批著作,如《孟子集说》《校定谢上蔡先生语录》《论语纂训》《大学解》《二程遗书》和《延平答问》等。这些著作的问世,奠定了朱熹在东南学术界的地位(后与湖南张栻、浙江的吕祖谦并称为"东南三贤"),为他创立闽学打下基础。

淳祐二年(1242),宋理宗为褒扬屏山书院,敕命扩建屏山书院,使之由私立书院成为官办书院。据五夫《刘氏家谱》载,书院建筑宏伟宽敞,共分三进。内设六经堂、燕居室,东为蒙斋,西为复斋,左右有庑廊,设塾匾曰"读书"。元初,该书院毁于兵火。

明洪武二年(1369),裔孙刘氏于旧址重建,张矩为之作记。

兴贤书院建于南宋孝宗时,朱熹曾在此授徒讲学。"兴贤"乃"兴贤育秀"之意。书院于元初被毁,现存建筑为清光绪二十四年(1898)乡民连城珍等倡修。它占地约2000多平方米,前为正厅,中为书堂,后为膳宿厅与文昌阁。书院正厅上方高悬朱熹手书"继往开来"的牌匾。

绍兴二十三年（1153）五月，朱熹赴同安主簿任，途径剑浦，特拜见了李侗（号延平）先生。李侗一方面指出朱熹沉迷于禅学的问题；一方面教他看圣贤言语，在经学中求义理。

绍兴二十七（1153）年冬，朱熹从泉州同安回到崇安五夫家中，开始了长达二十年的闲居生活。朱熹长于思考，并随着经学研究的深入，对李侗的治学思想表现出越来越浓厚的兴趣。新年刚过，朱熹就迫不及待地步行数百里，赶往剑浦。他向李侗详细述说了几年来在同安探索历程，并着重请教经书中的疑难问题。他们讨论所及，包括《论语》《孟子》和《春秋》等。在延平，朱熹住在城东南名刹西林禅寺。他后又数次到剑浦向李侗请教，直到隆兴二年（1163）十月十五日李侗病逝。

李侗的出现从根本上影响了朱熹的治学方向，使朱熹全面地反省自己的整个治学道路。在这一过程中，朱熹在理论上抛弃了禅学，走向专一的儒学之路。

第三节　创办"五夫社仓"与书院

社仓[1]是仓储制度的一种，是古代中国社会救济和社会保障制度之一。

一、朱熹社仓法

朱熹社仓法，始于南宋孝宗乾道四年（1168）。

在乾道三年（1167）秋，崇安发生大水灾，粮食歉收，饥民遍地。朱熹《杉木长涧四首》曰："阡陌纵横不可寻，死伤狼藉正悲吟。"为了救灾济贫，朱熹上书建宁知府，乞得粟六百斛。是年冬抗灾取得丰年，百姓如数归还县仓。熹欲以粟留藏民家，与乡贤刘如愚一起开始创办"五夫社仓"，以备饥歉，又恐久贮必有腐烂，乃许民家每年贷借一次，制定经营管理办法——《社仓事目》，实行借谷还谷，息率二分，歉收息减半，大荒年免除，后称之为"朱子社仓法"。

朱熹在《建宁府崇安县五夫社仓记》一文中记述创建社仓始末。乾道七年（1171）五夫社仓建成后，春夏青黄不接之时赈放，秋冬偿清存放，变官仓（常平仓）赈粜为民仓（社仓）赈济，免除高利贷的残酷剥削，克服了官仓"皆藏于州县，所思不过市井情游戏辈，至于深山长谷力穑远输之民，则虽饥饿濒死而不能及也"的弊端，有利于黎民百姓，保护了农业再生

---

[1] 连横《台湾通史》曰："仓储之制，仿于成周，所以充兵糈，裕民食，而平市价也。汉时始建常平仓，由官主之，谷贱则籴，谷贵则出，以时调剂，故曰常平。唐时又设义仓，则由官民合置，以备凶年之需。及宋朱熹复立社仓之法，后世行之，民以称便……人民之自建者，曰社仓。《大清会典》曰：凡民间收获时，随其所赢，听出粟麦。建仓贮之，以备乡里借贷，谓之社仓。"——参见《台湾通史》，广西人民出版社，2005年版，第286页。

产。明人钟化民在《康济录》中赞称朱子社仓说："唯以本乡所出积于本乡,以百姓所余散于百姓,则村村有储,缓急有赖,周济无穷矣。"后建宁府争相仿之,共建有社仓一百多所,仅崇安县就设立17所。

淳熙二年(1175),浙东大儒吕祖谦之父,自婺州来访朱熹,住在五夫屏山,亲眼看见社仓之惠政,返浙即着手筹划婺州(今浙江金华市)社仓。后来,又有常州宜兴社仓、建昌军南城吴氏社仓等出现。

淳熙八年(1181),朱熹在《辛丑延和殿奏札(四)》中,当面请孝宗皇帝批准他的"五夫社仓法"在诸路府军推广。翌年,孝宗将朱熹"社仓法"颁诏行于诸府各州。并奉准婺越、镇江、建昌、袁潭诸邑设立。

此后,社仓也就成为中国社会农村储粮备荒及社会救济的主要形式,"朱子社仓法"即成为一个以实物形式施行的社会保障制度。五夫社仓因开救荒之先河,被誉为"先儒经济盛事"。

朱子社仓法就此产生,它是社会救济项目中以实物形式救济灾民的社会保障制度办法之一,在中国古代社会保障方面起到了积极作用。[1]

二、徽州"社仓"

朱子社仓法一直在延续和推动,直到明朝洪武年间,官府已完善"建立了一整套完备的备荒制度,并在全国范围内强制推行。徽州府也不例外。这些备荒措施主要是围绕着备荒仓储的建设而展开"。[2]此时除社仓以外,还拓展为预备仓、廉惠仓和义仓。预备仓普遍败坏,尽管有明一代徽州灾害频繁,《徽州府志》记载有灾111次,但因朱子社仓备粮仓储,徽州百姓依然安居乐业,徽州社会仍旧稳定和平。

预备仓为官设,是明代特有的备荒仓。据弘治《徽州府志·恤政》所记,明代徽州府的预备仓的设立成效明显:"一般每县预备仓的数量大多在4所,徽州府起初也是如此,但随后不久,徽州府各县的预备仓数都纷纷增加,休宁县竟然增加到15所。不仅如此,徽州预备仓的储谷数在弘治以前达到了高峰,全府预备仓储谷数竟然达到23万多石,这对于一个产粮很少的山区府来说,实在是难能可贵的。而且,相对于徽州50多万的人口基数而言,平均每人拥有近半石的救灾粮"[3],这就意味着即便遇到严重的自然灾害,徽州府可以较为容易地度过饥荒。但预备仓到明中期后,因官员腐败和管理不善,逐渐式微。

廉惠仓也属官设的备荒仓,是在预备仓式微的情况下设立的。但"嘉靖四十年时,也是

---

[1] 需要说明的是,储粮备荒的社仓制度并不是朱熹最早提出的,但建社仓于乡里,乃朱熹开其先。据《隋书·长孙平传》载:"开皇三年征拜度尚书……奏令民间每秋家出粟一石以下,贫富差等,储之里巷,以备凶年,名曰义仓。"可见,隋代长孙平应该是首创者。

[2] 周致元. 明代徽州官府与宗族的救荒功能[J]. 安徽大学学报(哲学社会科学版). 2006(1): 107-112.

[3] 周致元. 明代徽州官府与宗族的救荒功能[J]. 安徽大学学报(哲学社会科学版). 2006(1): 107-112.

廉惠仓建立只有短短的几十年时间,绩溪县的一个生员上书县令说:廉惠、仁济二仓所收寺产银多被侵渔,民无实惠"。[1]因之,廉惠仓的存在也难以为继,直至销声匿迹。

剩下发挥作用的,就是非官府所设的义仓与社仓(初期有官府的少量资助)。义仓一般建在州县,社仓多建在乡里,均由徽商出资建立与管理,服务于本族及周围百姓度过灾荒。朱熹创立的社仓,使得徽州百姓"始终都有一批用于救灾的粮食储备"[2]。

三、创办书院

"寒泉精舍"是朱熹创建的第一所书院。乾道五年(1169)九月,朱熹母亲(祝氏夫人)去世。次年正月,朱熹葬母于建阳县升龙乡崇泰里后山马铺(今建阳市莒口镇后山村马铺),地名寒泉坞。为便于守墓,朱熹在近旁盖起简易小屋数间,命名"寒泉精舍",朱熹在此讲学授徒,与当地及慕名而来的士人学子切磋学业。寒泉精舍经他的大力宣扬和努力,成为初具规模的理学研讨中心之一。朱熹在寒泉精舍讲学,有一批重要弟子,如范念德、林用中,蔡元定父子及刘爚、刘炳等。后来他们都是"考亭学派"的重要组成人员。

朱熹这时期与其门人完成了几部重要的理学著作,如《太极图说解》和《伊洛渊源录》等理学著作。特别是集理学之大成的代表作《四书集注》中的《论语集注》《孟子集注》的编撰成,标志着朱熹理学思想体系的初步形成。

淳熙二年(1175)四月,"东南三贤"之一的吕祖谦从婺州(今浙江金华市)来五夫里,他稍作停留,即随朱熹偕同弟子一起到寒泉精舍,商讨学业。在那里,朱熹与吕祖谦共同研读"北宋四子(周敦颐、张载、程颢、程颐)"的著作,深感这些著作博大精深,难以为初学者所掌握,因此从中选取"关于大体而切于日用者"编成理学的入门书《近思录》。该书为我国第一部哲学文章选集,后来陆续有所修订增补,影响较大。

五月底,朱熹与吕祖谦一行到达信州铅山(今江西上饶市铅山县)鹅湖寺(后改为鹅湖书院)。由吕祖谦发起,展开了一场参加者为闽、浙、赣三省学者的学术辩论。这就是中国哲学史上有名的"鹅湖之会"。辩论的主要内容是为学之方:朱熹强调"泛观博览,而后归之约";陆九渊则认为"先发明本心,而后使之博览"。朱以陆之教人为太简,陆以朱之教人为支离。最后,双方没有达成共识。

朱熹创建的第二所书院云谷晦庵草堂,在建阳县升龙乡崇泰里(今福建建阳市莒口镇)云谷山。乾道六年(1170)夏,朱熹来到云谷山,见其山水清幽,是讲学修书的好地方,就委托蔡元定在此建草堂。淳熙二年(1175)秋七月,草堂建成,朱熹与其及门弟子上云谷山避暑,讲学著述。同时,蔡元定也在附近的西山建精舍读书,就近从学于朱熹。云谷晦庵草堂

---

[1]周致元.明代徽州官府与宗族的救荒功能[J].安徽大学学报(哲学社会科学版).2006(1):107–112.
[2]周致元.明代徽州官府与宗族的救荒功能[J].安徽大学学报(哲学社会科学版).2006(1):107–112.

与精舍隔山对峙,遥遥相望,有疑难则彼此悬灯,相约次日聚首,以解难释疑。(清道光《福建通志》卷一)

据叶贺孙[1]记载,朱熹作《西铭解》(北宋理学家张载在《西铭》中提出了"民胞物吾"的重要观点)一书是与他一次上云谷山,半途遇雨后思考的问题有关的。朱熹说:"向要到云谷,自下上山,半途大雨,通身皆湿,得到地头,因思著'天地之塞,吾其体;天地之帅,吾其性'。时季通及某人同在那里。某因各人解此两句,亦自作两句解。后来看也说得着,所以迤逦便作西铭等解。"(《朱子语类》卷五)这使他获得自己也没有意识到的重要成果。所谓天地之塞指气,所谓天地之帅指气指本性,就是说:物都是天地所生,人与万物都是气构成的,气的本性也就是人与万物的本性。这充分肯定了人与自然界的统一。朱熹在云谷晦庵草堂讲学,直到淳熙五年(1178)冬,即赴任南康知军前。

武夷精舍是朱熹创建的第三所书院,在武夷山九曲溪之五曲隐屏峰下。淳熙九年(1182)七月,朱熹在浙东提举任上弹劾唐仲友受挫,次年正月奉祠主管台州崇道观而归居武夷山,建此书院。这年四月书院落成,原吏部尚书韩元吉应邀作记,称朱熹与门人弟子讲书肄业,琴歌酒赋,尽得山中之乐。宰相陈俊卿、诗人陆游及众多门人朋友,皆纷纷以诗相贺。淳熙十年(1183)至绍熙元年(1190)这八年,朱熹绝大部分时间是在武夷精舍讲学,从事学术活动。这时期,考亭学派的基本学术力量也聚集在这里,形成12世纪80年代中国的一支新兴力量。

淳熙十六年(1189),朱熹的重要论著《大学章句集注》和《中庸章句集注》先后成书。至此,集理学之大成的代表作《四书章句集注》基本完成,朱熹理学思想的一些主要观点和范畴已经形成。朱熹在武夷书院讲学期间,与弟子逆水畅游九曲溪,写下了著名的《九曲棹歌》,为武夷山留下了一笔珍贵的文化遗产。

朱熹创建的第四所书院,在建阳县群玉乡三桂里考亭(今福建建阳市潭城镇考亭村),初名竹林精舍,绍熙五年(1194)改名为沧洲精舍,淳祐四年(1244),理宗皇帝御书"考亭书院"。绍熙二年(1191)四月二十九日,朱熹离漳州知府任,五月二十四日回到闽北,暂时寄于建阳同繇桥。他这次离任漳州主要原因有两点:其一是实行经界(重新核查土地,按田造籍,按籍纳税)受阻;其二是绍熙二年二月,38岁的长子朱塾病故于婺州(今浙江金华市)。

---

[1] 叶贺孙(?—1237年):字味道,改字知道,括苍(在今浙江丽水县东南)人,徙居建阳,南宋大臣、理学家,后代学者称溪山先生。其父叶适是南宋著名理学家、朱熹好友。叶味道少年喜研读经解史论。朱熹在松溪湛庐精舍讲学时,他和弟弟任道到湛庐山拜朱熹为师。"伪学"禁行时,被以"伪徒"除名。叶味道便到崇安武夷师事朱熹。朱熹在考亭病重期间,他亲持汤药,情同子侄。嘉熙元年(1237)病逝,谥"文修"。著有《四书说》《大学讲义》《易会道》《祭法庙享郊社外传》《经筵口奏》《故事讲义》等,还曾参与编纂《朱子语类》。

他回到建阳后,一边在建阳为爱子找墓地,一边在考亭寻找新居。次年六月,新居落成,朱熹将其家从五夫迁居考亭,并在新居傍建"竹林精舍",在此广招门徒,聚众讲学。绍熙五年五月,朱熹曾出任潭州(今长沙市)知州,荆湖南南路安抚使。同年十月,他赴京任宁宗皇帝侍讲46天。十一月,朱熹回到考亭。

绍熙五年(1194)十二月,因生员日多,便将精舍加以扩建,更名为"沧洲精舍",并自号"沧洲病叟"。从绍熙三年至庆元六年(1192—1200)前后约八年,朱熹大部分时间都在考亭书院讲学和著述。在这时,曾先后就学于寒泉、云谷、武夷的蔡元定、黄榦等众多门人弟子,又聚集考亭,陈淳、李燔、叶贺孙、蔡沉、辅广等一大批弟子也先后来考亭就学,形成了中国理学史上著名的考亭学派。考亭学派学者通过学术活动,提高了学术研究水平,获得了丰富的知识。当时有志于研究学问的一些门人,都把在考亭搞研究工作视为自己一生事业的重要部分。如蔡元定一生"不践场屋",尤袤、杨万里向朝廷推荐,皇帝下诏命其赴京,元定以疾辞,以朱熹研究为终身之计。

朱熹修复的书院一览表[1]

名　称	地　点	时　间
白鹿洞书院	白鹿洞书院位于江西庐山五老峰之下	宋淳熙六年(1179)十月修复
岳麓书院	岳麓书院位于湖南长沙岳麓山下	绍熙五年(1194)重新修复
湘西精舍	湘西精舍位于湖南长沙岳麓山下	绍熙五年(1194)重新修复

朱熹研习的书院一览表

名　称	地　点	时　间
南溪书院	南溪书院位于福建尤溪县南公山之麓	绍兴四年(1134)朱熹在此读小学
星溪书院	星溪书院位于福建政和县治星溪之南正拜山下	宋宣和五年(1123)朱熹曾随父在此读书
屏山书院	屏山书院位于福建崇安五夫里屏山麓	朱熹少年时在此读书
云根书院	云根书院位于福建政和县治西	
湛庐书院	湛庐书院位于福建松溪湛庐山下	

---

[1]《清代台湾书院一览表》见第五章。

朱熹讲学的书院一览表

名　　称	地　　点	备　　注
瑞樟书院	瑞樟书院位于福建建阳麻沙渡头	
逸平书院	逸平书院位于浙江江山原名南塘书院	
兴贤书院	兴贤书院位于福建崇安五夫里籍溪坊	
石井书院	石井书院位于福建石井镇	
龙光书院	龙光书院位于江西丰城荣塘剑池庙左	
南轩书院	南轩书院位于湖南衡山县南岳后	乾道三年（1167）八月讲学与此
城南书院	城南书院位于湖南长沙城南妙高峰下	
濂溪书堂	濂溪书院位于江西九江城南濂溪巷	
石洞书院	石洞书院位于浙江东阳	
月林书院	月林书院位于浙江上虞	
东山书院	东山书院位于江西余干冠山东峰	
怀玉书院	怀玉书院位于江西玉山县金刚岭之阳	
银峰书院	银峰书院位于江西德兴县市延福坊	
草堂书院	草堂书院位于江西玉山县怀玉山下	
主一书院	主一书院位于湖南"湘潭县西南百二十里地接衡州府衡山县界"	
蓝田书院	蓝田书院位于福建古田杉阳村北境墓亭山麓	
溪山书院	溪山书院位于福建古田县北	
螺峰书院	螺峰书院位于福建古田九都螺坑	
石湖书院	石湖书院位于福建福鼎县潋城村	

第四节　朱子理学与徽州社会

朱子理学在徽州构筑的精神价值世界，主宰徽州社会数百年之久，它不仅作为一种制度化的价值存在，也作为一种实践化的价值存在。因此，一种适合徽州社会的文化，对于徽州社会必定具有积极的重要的影响。明清时期的徽州社会，朱子理学作为中国传统主流文化，它不仅存在于文化经典之中，也不仅局限在书院的教育中，而是进入了徽州社会的整体生活方式及其价值体系。可以说，朱子理学用其价值世界在积极塑造徽州社会发展和演变，而朱子理学所呈现的价值世界始终成为那个时代徽州社会的象征。

一、"礼""理"

朱子理学以朱熹学说为核心,上承孔孟的先秦原始儒学,综合北宋周敦颐、"二程"(程颢、程颐)之理学思想,吸收同时代及其后学的学说,是儒学创新发展成果的集中体现和集大成,是我国中华传统文化发展史上的又一次高峰。朱子理学其内容主要包括朱熹所构建的完整的儒学体系、完整的宇宙发生论、完整的伦理道德体系、完整的教育理论体系。其中"礼""理"为关键,"礼"囊括了古代政治制度、伦理道德、礼仪规范等各个方面,覆盖从个人修身到齐家、治国、平天下的各个领域的内涵十分广泛的一个概念;"理"即事物的本质和规律。清人皮锡瑞说:"汉儒多言礼,宋儒多言理。"[1]从"礼"到"理",既是对宋代理学和传统哲学的特色和发展的一个总结,含有差异性,也暗含"理"与"礼"的联系和承继性,是"理"对"礼"的一种回应。

二、"内圣""外王"

朱子理学强调以"内圣"为重心,主张"内圣""致用",实际上是维护对国家、对皇帝的忠诚。朱熹《四书集注·中庸》说:"不偏之谓中,不倚之谓庸;中者天下之正道,庸者天下之定理也。"其核心要求为言行适度,反对偏激,主张以理节情,以此达到人与人之间的和谐,从而在社会生活中建立等级分明的礼治伦常秩序。清代的臣子们大多为科考及第,而科举考试必以朱熹的《四书章句集注》为据,所以官宦、士大夫从小就受其影响,所遵行的就是朱子理学所强调的知"礼"识"仁","忠君""正心""诚意"和"修身":"立国之道,尚礼义不尚权谋;根本之图,在人心不在技艺",[2]以及"欲求制胜,必求之忠信之人;欲求自强,必谋之礼义之士"。[3]德国的莱布尼茨曾坦言:"我们在中华民族中发现了优美的道德,即在道德上,中华民族呈现着异样的优越。"[4]黑格尔也说过:"中国纯粹建筑在优美道德的结合上,国家的特性便是客观的家庭孝敬。"[5]

"外王""经世"。朱熹以崇儒重道、纲常伦理为治国之道,来建立君尊臣卑、民各安分的封建社会秩序,突显出强烈的政治功利色彩。康熙帝认为理学乃"道学之渊薮,致治之准绳""使果系道学之人,惟当以忠诚为本,岂有在人主之前作一等语,退后又别作一等语者乎?"[6]雍正帝批评云南巡抚杨名时更不讳言:"只图沽一己之名,而不知纲常之大义,是逆子、逆臣,天理难容,罪不能恕。"[7]乾隆认为朱子理学"为国家者,由之则治,失之则乱。实

---

[1] 皮锡瑞.经学通论·二礼[M].北京:中华书局,1954:25.
[2]《同治朝筹办夷务始末》卷四七,民国十九年故宫博物院影印本,第24页。
[3]《同治朝筹办夷务始末》卷四八,民国十九年故宫博物院影印本,第11页。
[4] 冯天瑜、杨华.中华传统文化发展轨迹[M].上海:上海人民出版社,2000:22.
[5] 黑格尔.历史哲学[M].北京:三联书店,1965:65.
[6]《清圣祖实录》卷一百六十三.北京:中华书局,1985:18.
[7]《雍正朝汉文朱批奏折汇编》第11册.南京:江苏古籍出版社,1990:860—861.

有裨于化民成俗、修己治人之要,所谓入圣之阶梯,求道之涂泽也"。[1]

三、"莫不有学"

朱子理学包含气节观、义利观、实践观,即"全体大用"。朱子所说的"全体大用"就是明德,就是"心具众理而应万事",就是仁,就是性体情用,就是仁之体与忠恕之用,就是圣人气象。朱熹的"明仁伦",就是重视中华道统,讲忠义,讲气节,要求对民族、国家赤胆忠心,为官清正,这是朱熹"全体大用"思想所呈现的正确的气节观、义利观,是对"明德"、"仁"以及"浩然正气"等的反映与实践。朱熹所倡导的理念,慢慢内化成徽州人"养浩然正气"的人格。

朱子理学强调躬行实践。朱熹倡导"仁之体与忠恕之用""诚意、正心、修身、齐家、治国、平天下""民贵与仁政",重在身体力行,体现在治理上的爱民情怀和仁政意识。

徽州教育发达,理学功不可没。朱熹特别重视小学之教,在《大学章句序》中说:"三代之隆,其法寖备,然后王宫、国都以及闾巷,莫不有学。人生八岁,则自王公以下,至于庶人之子弟,皆入小学,而教之以洒扫、应对、进退之节,礼、乐、射、御、书、数之文。及其十有五年,则自天子之元子、众子,以至公卿大夫元士之适子,与凡民之俊秀,皆入大学,而教之以穷理正心、修己治人之道。此又学校之教,大小之节所以分也。"[2]

休宁县横江公园鳌广场(路善全 摄)

---

[1]《清高宗实录》卷一百二十八. 北京: 中华书局, 1986: 876.
[2] 朱熹.《大学章句集注》,《四书章句集注》(《朱子全书》第六册). 上海: 上海古籍出版社, 2002: 13.

第三章 明清时期徽州社会传播生态与家风文化的传承发展

本章主要梳理明清时期徽州社会的传播生态与"家风文化"的传承发展。重点是明清时期徽州地区政治经济文化生态、社会秩序和伦理道德生态、家族家庭构成与日常生活生态等,由此归纳出明清时期徽州社会"家风文化"的形式与内容。

即便从秦王嬴政二十四年(223)灭楚,徽州这一带划入会稽郡开始,在徽州这片土地上的"家"的存在已有2200余年。有家就有家族、宗族,就会有家风。到明清时期,徽州社会的家风、家风文化已存在2200余年。因此,明清时期,是徽州社会家风、家风文化的传承发展时期。

徽州社会家风文化的传承发展,根据在于传播生态,传播生态对其产生关键影响。正如上章所述,传播生态是以传播体系环境为中心展开的,主要研究传播活动与其生存发展环境的问题。其中,传播生态体系环境是传播生态学研究的基本单位,也是传播生态学研究的核心问题。传播生态体系环境可以分为外界现实环境体系、自身环境体系和意义环境体系。

第一节 传播外生态与家风文化传承发展

徽州社会家风文化传播的传播外生态,即家风文化在徽州的传播中的外界现实环境体系,主要指构成家风文化在徽州传播活动的社会大环境和自然地理环境,包括社会政治形态、经济状况、思想文化、地理环境及其互动构成的传播外界现实环境等要素。

社会政治形态、经济状况、思想文化、地理环境及其互动构成了传播外界现实环境即徽州社会家风文化的传播外生态。

明清之际,徽州社会政治、经济、文化等风云激荡,影响着家风文化的传承发展。

一、政治形态

政治上由动荡不安走向中央集权。明朝建立后,朱元璋在历经战火、民不聊生、动荡不安政局的基础上,加强中央集权,甚至实行恐怖的特务统治,设置了锦衣卫和东厂、西厂,负责京城卫戍,对群臣和百姓进行监视,并直接秉承皇帝的旨意进行密察、私访、行刑。在农村基层政权组织建设方面,明代通过对前朝的因袭与发展,在县府之下设立"里"即"里甲"制,这是明代乡里组织的基本形式。每百十户组成的一"里",每"里"设立里长、里老,从事赋税征收、诉讼治安和道德教化等诸事,形成了乡、都、社、区、图、里制度,但各地称呼与命名不一[1]。里长、里老各司其职,公正处理赋税征收、诉讼治安、道德教化等。就明代徽州社会而言,因中央集权的加剧,基层政权组织绵密与治理有序,故徽州社会处在一个相对稳定发展的环境和状态之中,一派"乡治民安"的景象。

明清两朝的大部分时间都尊崇儒学,朱熹理学为其官方哲学。统治者希望以传统儒家的伦理纲常教化天下,巩固统治秩序。明清时期的徽州是一个极为典型的宗族本位的地域社会,聚族而居是这一时期徽州宗族的典型特征,徽州境内的各处村落也成为名副其实的宗族村落,在各姓村落之间,徽州宗族广泛地结成婚姻关系,形成颇具徽州地方特色的婚姻形式。在此基础上,依据宋儒主张,一些宗族在地方上尝试设立族长、族规,推动宗族组织化、行政化,以影响和控制乡里的政令施行。

明代随着中央集权的加剧,以皇帝为中心的统治集团为维护封建统治,推行以教化为本、注重教化乡民的国策。明太祖朱元璋执政后,立即颁布了"圣谕六条":孝顺父母,尊敬长上,和睦乡里,教训子孙,各安生理,毋作非为。明代徽州的教化内容一直围绕着"圣谕六条"展开[2]。以徽州社会形成的家庭或家族或宗族的,弘扬中华传统文化,满足合社会期待,符合时代精神,备受大众推崇的以乡约、族谱、家典、家规、家训、家书、诗文等为核心的非物质文化,以及以祠堂、书院、牌坊以及社学和各种家塾、村塾、义塾等等徽州"家风"实践为核心而形成物质文化——纷纷呈现,体现地处"邹鲁之邦"的徽州人一以贯之的修身、齐家、治国、平天下的精神风貌、道德情操、审美观念和实践品格等。明前期徽州宗族的组织化,主要是个别宗族的尝试,嘉靖以后明朝大规模推行乡约制度后,宗族的组织化则主要采取乡约化的形式,而且相当普遍。徽州各宗族响应官府所推行的乡约,并通过宗族的乡约化使宗族组织化,从而强化对族人的管理[3]。嘉靖五年,在歙县知县高琦等人主持下,将"申明乡约以敦风化事"刻石立于社前,并要求"照依乡约事宜,立簿籍二扇,或善或恶者,各书一籍,每月朔一会,务善惩恶,兴礼恤患,以厚风俗"[4]。

---

[1] 这里的"乡",是诸如"东乡""西乡"等地理地域名称,非严格意义上的行政建制单位;"都"指行政所辖的乡里,在行政建制上,相对于"里"(不含地名);"社"是不同地区对"里"的不同称谓,实际上是"里甲"制中的"里";"区"特指明代特定区域专事税粮征收与解运的组织,以粮一万石为区,设粮长;"里"即里甲制,是明代乡里组织的基本形式;"图"实质上也相对于"里甲"制中的"里"。

[2] 周致元.明代徽州的教化措施众其影响[J].安徽大学学报(哲学社会科学版).1996(2):67-69.

[3] 常建华.明代徽州的宗族乡约化[J].中国史研究.2003(3):134-138.

[4] 吴吉祐.丰南志[M].卷80.

万历以后，明朝以皇帝为中心的统治集团日渐腐化堕落，宦官专权，党争加剧，整个社会腐败之风日益炽烈。徽商一方面将徽州物产与文化扩散到外地，同时又不断地把外地文化与物产带到徽州。尽管明王朝气数江河日下，但从朝廷官员至"东南邹鲁"之徽州的乡吏里长，依旧不遗余力地利用宗族加强教化，强化推行家礼乡约。乡约是家风文化的一种呈现形式，主要是为了宣讲圣谕，劝诱人心向善。弘治年间礼部右侍郎及礼部尚书、休宁人程敏政，主修该族的《重定拜扫规约》，尤其重视朱熹《家礼》。程氏《重定拜扫规约》第6条规定："祭仪依文公《家礼》，饮福每人点心四物，每桌菜果肉四品，酒不过五行，山林守墓者给盐包饼食，从者饮撰随宜依散。"[1]《绩溪西关章氏族谱·宗训》云："传家两字，曰读与耕；兴家两字，曰俭与勤。"[2]

到了明末清初，战乱兵灾严重。由于上文分析的徽州地形地势具易守难攻之特点，徽州非兵灾战乱之地。徽州以乡约、族谱、家典、家规、家训、家书、诗文等为核心的非物质文化，以及以祠堂、书院、牌坊及社学和各种家塾、村塾、义塾等的物质文化等基本上保留下来，正如赵吉士所言："六邑之俗与时推移，而淳朴易良，古风犹未尽泯。"[3]

二、经济状况

经济上由初期的"重农抑商"走向商品经济。明初至弘治时期，是徽州历史上农耕社会相对稳定的发展时期。为恢复农业生产，稳定社会经济，明初朱元璋采取了传统的"重农抑商"政策，鼓励垦荒、发展生产，徽州大片荒山荒地得到垦殖。"重农抑商"的目的是为了增加农业生产量，在这方面，朱元璋获得了成功。但生产量的提高造成了剩余农产品，"剩余农产品的经常性流通促成了从剩余产品向商品生产的过渡。与此同时，朱元璋以军事供应和人员调动为目的的交通手段和投资使得各交通子系统得以改进，如交通设施的修建，这使得商品流通更为容易。商人们的货物与政府的税收物资在同一条河上运输，商人与国家的驿递人员走的是同样的道路，甚至他们手中拿着同样的路程指南。"[4]明朝政府实质上给了商品经济一个推动力，而市场的广阔则加速了这种运动。商业化并非简单地从朱元璋设想的国家垄断的交通系统和政府倡导的自给自足的农业经济来个一百八十度的大转弯，结果恰恰相反。到明代中期，官方认可的抑商政策不得不出现一定的松动，实行了若干有利于手工业和商业发展的措施。如实行"自由趁作"制，将手工业工人从工奴制中解放出来；规定"三十取一，过者以违令论"来降低商业税率[5]；贯通河湖江海航运等，这些措施有力地促进

---

[1] 程敏政. 休宁陪郭程氏本宗谱附录[M]. 安徽省图书馆藏弘治刊本.

[2] 章尚志. 绩溪西关章氏族谱[M]. 民国四年（公元1915年）木活字版本. 安徽省图书馆珍藏.

[3] 康熙. 徽州府志[M]. 卷20.

[4] 谢宏雯. 晚明苏州书坊兴盛之因[J]. 长江论坛. 2011:（1）.

[5] 明史[M]. 卷八十一. 食货五.

了经济的交流和发展。这种背景下，工商势力活跃，商帮争相崛起，特别是徽州一带乃至整个沿海、江南手工业生产的规模日益扩大，内部分工日趋细密，在提高生产率的同时，增加了产品对于市场的依附；大批农民流入城镇重谋生计，农业生产也逐渐卷入了商品化的漩涡；隆庆后海禁一度解除，海外贸易不断发展；白银的普遍使用，促使商品交换频繁。这一切都促进了商品经济的繁荣和城市的兴旺以及市民人口的增加，而这正是徽商成长壮大的土壤。明代晚期愈演愈烈的土地兼并，迫使为城市个体作坊提供了廉价劳动力，这一切都促进了商品经济的繁荣和城市的兴旺，使市民阶层迅速扩大。

明代社会经济的发展和人口的增长，使徽州人多与地少的矛盾突出。徽州民间"前世不修，生在徽州，十三四岁，往外一丢"的说法，就是为生计计，徽州人早早外出经商的见证。至正德时期，由于徽州周边地区南京、杭州、扬州等地商品经济的迅猛发展，出现了大量徽州子弟外出经商的热潮。以前那种"读书力田，间事商贾"的状态迅速被"业贾者十七八"所替代[1]。

商贾力量的壮大，商品经济的发达，徽商正是在这种转型时代的丰厚的历史土壤中，推进着对儒家传统价值观的整合。他们恪守儒家传统伦理观、诚信观、义利观，并将儒家传统伦理观、诚信观、义利观融入经营之道与商业道德，形成"行贾""好儒"的双重价值取向，成为享誉八方的儒商。一方面，商品经济发展、商人阶层活跃的时代氛围，加之徽州人多地少，徽州人经商——"行贾"成为一种必然选择；另一方面，徽州地区享有"程朱阙里""东南邹鲁"的美誉，文风昌盛、文化发达，明清时代理学居于独尊的地位，是中国文化的主流，儒风熏陶伴随徽商成长，养成"好儒"的品格。徽商的"贾""儒"结合，把更多的士、农吸引至商人的行列，扩大了徽州商帮的队伍，从根本上打破了中国传统的"士农工商"排序的观念，而且更重要的是，徽商把强烈的竞争观念和顽强的进取精神带回到徽州，深刻地影响着徽州人的价值观和家风文化。

明清之际的徽商本质上是信奉和传播理学的儒商，徽州人行商的目的依旧是维持徽州宗族社会的延续。有"东南邹鲁"之美誉的徽州，"佛寺甚少，书院众多，书院在明清时期达54所，教学皆以朱子为宗，取朱子之教，秉朱子之礼。朱熹以生为性，重视生理、生存的本体特征，赋予新安理学积极求生存的精神。新安理学的一个著名口号就是：洪范五福先言富，大学十章半理财。"[2] 受朱熹理学的影响，徽商贾而好儒，他们不仅自己好读儒书，培育儒商精神，而且支持家乡教育事业，建书院，办社学，鼓励家乡子弟努力读书。这与其他地区的商

---

[1] 唐力行. 徽商与徽州民居[J]. 中华民居. 2008: 14–18.
[2] 贾喜平. 朱熹哲学的合理价值与新安理学的创新发展[J]. 合肥工业大学学报. 2005-05-14.

人形成鲜明对照。[1]《休宁西门汪氏宗谱》卷六《光禄应诰公七秩寿序》云：徽商汪应浩"虽游于贾人乎，好读书其天性，雅善诗书，治《通鉴纲目》《家言》《性理大全》诸书，莫不综究其要，小暇披阅辄竟日。每遇小试，有宿士才人茫不知论题始末者，质之，公出某书某卷某行，百无一谬。"

"诚信"是徽商价值观的核心，是人品亦是商德。明嘉靖六年稿本《新安歙北许氏支世谱》卷八《逸庵许公行状》载：歙县商人许文才"贸迁货居，市不二价。人之适市有不愿之他而愿之公者，亦信义服之一端也"。歙县商人梅庆余"诚笃不欺人，亦不疑人欺"。[2]（清）光绪《婺源县志》卷三十六《人物·义行》记载：婺源商人黄龙孙"贸易无二价，不求赢余，取给朝夕而已。诚信笃实，孚于远近"。守信不渝，诚实不欺，这成为明清徽商修身齐家的信条，徽商因之600余年长盛不衰。

当然，不可讳言，明清时期，商品经济发展给徽州社会家风文化的传承发展也带来了新的冲击。尤其在社会上下逐利思想蔓延的情况下，金钱本位主义观念和心态多多少少在徽州社会引起躁动。在明清时期的徽州，也出现了商人和百姓追逐金钱的现象，所谓"丈夫志四方，不辞万里游。新安多游子，尽是逐蝇头。风气渐成习，持筹遍九州"。但总体看，目前体现家风文化的家典、家礼、族谱、乡村民约等，重义轻利依旧是徽州社会家风文化的主流，后人亦有公论，如《金太史集》卷四如此评价徽商休宁人张洲曰："操心不苟，俭约起家，挟资游禹航，以忠诚立质，长厚摄心，以礼接人，以义应事，故人乐与之游，而业日隆隆起也。"

三、思想文化

明清时期，思想文化表现为由一元走向多元，又由多元返回一元。

明朝建立初期，其思想文化策略在于加强大一统封建皇朝统治。在这一背景下，源自宋代的官方哲学——程朱理学作为主流思想文化被统治者奉为安邦治国的圣典，成为思想文化统治的工具，呈现出一元价值取向。但到了明代中期，这种一元化的思想文化策略受到王守仁心学学说的挑战，王守仁心学学说在明代中期逐渐崛起并得到广泛传播，打破了程朱理学的僵化统治，冲击了圣经贤传的神圣地位，在客观上突出了人在道德实践中的主观能动性，自此之后，心学流布天下。与心学颇有相通之处的禅宗，也在文人阶层中广泛渗透。"心学与禅宗相结合在社会上广泛传播，促使人们在思想观念、思维方式上发生了变革，开始用批判的精神去对待传统、人生和自我，为明代掀起复苏人性、张扬个性的思潮创造了一种气氛，启发了一条新的思路，提供了一种新的理论武器。"[3]明末社会动荡，王学衰微，随之兴起

---

[1] 王国良. 朱熹与新安理学的价值[N]. 光明日报. 2003-5-20.
[2] 张海鹏、王廷元. 明清徽商资料选编[M]. 合肥：黄山书社，1985：884.
[3] 张静. 三大版本系统诗词比较研究[D]. 2017.

了以颜元为代表的事功之学和以王夫之为代表的总结诸子百家之学的哲学思想。这样,明代的思想文化由一元走向多元。

清代是中国历史上最后一个封建王朝,是在思想文化领域强化君主专制的时代。虽然清前期在中国思想文化上是较为活跃和繁荣,为巩固思想统治和笼络知识界,统治者尊孔崇儒,程朱理学被视为儒学正统,"四书"及"五经"中的解读均以朱熹的注释为准,且组织编纂了《古今图书集成》《四库全书》《朱子全书》等,中国古代思想文化得到传承;但这并不意味着思想文化没有控制,如文化典籍的编纂过程中,大批书籍被统治者认为对清朝统治不利,因而遭到销毁或篡改,甚至被视为"悖逆"和"异端",发生了多次株连极广的"文字狱",一批批理论文人因言获罪,整个思想文化界万马齐喑,由前期的多元返回一元状态。

明清思想文化呈现出的由一元走向多元、又由多元返回一元的状态,直接影响家风文化的传播生态。这一时期徽州社会的家风文化,愈加敬奉程朱理学,愈加重视儒学教育,以明人伦为教育之目标,强调科举教育,倡导子女教育,视儒家的仁义礼智信、温良俭恭让及勤俭不争为圭臬,理学全面深入家风文化等各方面。

此外,上文"经济状况"所述,徽州商人形成"行贾""好儒"的双重价值取向,成为享誉八方的儒商。从思想文化的角度看,从明初到清末,资本主义萌芽在中国已快速兴起,整个

徽州歙县紫阳书院是由郡守韩补始建于南宋1246年,为全国著名书院之一,传承朱子理学。现在,在此书院基础上建立了歙县中学,古代书院的书香飘流至今。(姜洋洋 摄)

社会氛围已演变为从儒商分际演进为儒商一体。这里的"儒",一般指文人;"商",一般指商人。在中国的传统里,文人与商人向来泾渭分明,文人士子不屑与重利的商贾为伍,商贾因其职业的非政策倡导性导致地位低下而难以附庸风雅。自明代中期始,随着商品经济的发展,传统的"士、农、工、商"价值等级瓦解,从事商业活动成为正当职业,商人的社会地位明显提高。文人士子开始从相对封闭的圈子中走出来,不屑与商贾为伍的清高态度亦逐渐得到改变。所谓"无徽不成镇",特指的就是徽商的经济活动推动了中国城镇化的进程,带来了城市社会经济的发展和繁华。徽商们流连于繁华的城市,习惯于出入市井,甚至乐意与商人、名工巧匠、出色艺人等交游,文士作品也进入商品领域;商人扬眉吐气,与贤士大夫倾盖交欢、往来唱和,也成为风气,还有不少商人拿笔作文,进入文士行列。这种儒商互动共同促进了儒商的市民化,且随着商业经济的繁荣,迅速扩大了市民阶层。尤其值得指出的是,徽州社会以"儒商"名扬天下,儒商一体风气浓厚,"十户之村,不废诵读,除了形成相当数量的名臣儒商良医彦士之外,还造成了大多数普通百姓皆能粗通文墨、书写文书,这是成文的家法族规产生的广泛社会基础。"[1]《茗洲吴氏家典》中家规篇的第十四条云:"族中子弟不能读书,又无田可耕,势不得不从事商业。族众或提携之,或从他亲友处推荐之,令有恒业,可以糊口,勿使游手好闲,致生祸患。"[2]徽州人以儒行商、以商助学,创办书院,请名师大儒讲学,儒商互动写入家训家风,丰富了家风文化的内容。

四、地理环境

生态是环境,是指一切生物的生存状态,以及它们之间和它与环境之间环环相扣的关系,传播生态主要研究传播活动与其生存发展环境的关系。这里的环境当然包括了人和动物生存和活动的自然地理环境。自然地理环境是外界现实环境,在传播生态中,属传播外生态。正确地理解自然地理环境对人类生存和活动的影响,有助于理解传播生态的演变。

历史上,自然地理环境曾一度被认为是人类以及人类社会发展的决定性因素,这就是自然地理环境决定论。这一论点曾广泛流行于社会学、哲学、地理学、历史学的研究中。古代的自然地理环境决定论萌芽于古希腊时代。苏格拉底认为气候决定人类的特性;柏拉图则认为海洋环境影响人类的精神生活;亚里士多德认为地理位置、气候、土壤等对某些民族的特性与社会的性质产生影响。"16世纪初期法国历史学家、社会学家约翰·博顿在他的著作《论共和国》中指出,民族差异起因于所处自然条件的不同,不同类型的人需要不同形式的政府。近代的自然地理环境决定论盛行于18世纪。法国启蒙哲学家孟德斯鸠在《论法的

---

[1] 程李英. 论明清徽州的家法族规[D]. 安徽大学, 2007.
[2] 吴翟. 茗洲吴氏家典[M]. 合肥: 黄山书社, 2006: 18-19.

精神》一书中,将亚里士多德的论证扩展到不同气候的特殊性对各民族生理、心理、气质、宗教信仰、政治制度的决定性作用,认为气候王国才是一切王国的第一位,热带地方通常为专制主义笼罩,温带形成强盛与自由之民族。"[1]1881年,英国历史学家别克尔在《英国文明的历史》一书中认为,个人和民族的特征服从于自然法则。其实,启蒙运动的思想家用自然地理唯物主义反对唯神史观,以自然地理环境特点说明君主专制制度的不合理性,尽管有局限性,但产生的影响很大。

第一个系统地把环境决定论引入地理学的是德国地理学家拉特尔。他在《人类地理学》一书中运用达尔文的生物学观念研究人类社会,认为自然地理环境从多方面控制人类,对人类生理机能、心理状态、社会组织和经济发达状况均有影响,并决定着人类迁移和分布,因而地理环境野蛮地、盲目地支配着人类命运。这种环境决定论在一个相当长的时期里成为欧美地理学的理论基石。如美国地理学家亨廷顿于1903—1906年间在印度北部、中国塔里木盆地等地考察后发表的《亚洲的脉动》一书认为,13世纪蒙古人大规模向外扩张是由于居住地气候变干和牧场条件日益变坏所致[2]。1915年他又出版了《文明与气候》,提出了人类文化只能在具有刺激性气候的地区才能发展的假说。1920年他在《人文地理学原理》一书中进一步认为,自然条件是经济与文化地理分布的决定性因素。直到20世纪20年代后,由于受到文化决定论等新的思潮的冲击,自然地理环境决定论思潮已渐趋没落。

事实上,一方面,主宰人类社会发展的是其固有的内在规律,自然地理环境是社会发展的客观物质条件,并不起主导或决定性的作用;另一方面,由于人类社会置身于自然地理环境中,因而不可能不受到自然地理环境的影响,但这种影响是相对的,这就是自然地理环境影响论。自然地理环境决定论虽然夸大了自然地理环境的作用,但启发后人将自然地理环境因素作为理解人类行为的一部分[3]。自然地理环境影响论也能为理解同样涉及人与环境关系的明清时期徽州社会家风文化的传承发展提供一种视角。

自秦朝建立统一的中央集权国家以后,中国逐渐发展成为一个多民族国家,幅员辽阔。中国位于亚欧大陆的东端,北面是荒原,西北是大漠,西南为高原及号称"世界屋脊"的喜马拉雅山脉,东面则是太平洋。在依靠步行、车马船交通和驿传通讯的时代,这种特殊的地理位置使中国形成一种与国外世界半隔绝的状态,养成了国民习惯于独自经营、和平温顺、封闭保守的共性。黄河、长江中下游一带有平坦、宽阔的冲积扇平原、发达的农业灌溉系统和

---

[1] 施由明. 自由的性灵舒放与刻意的精神修炼[J]. 农业考古. 2009:(4).

[2] 黄毅. 阿诗玛的当代重构研究[D]. 云南大学, 2013.

[3] 武雪婷、金一波. 不同地理环境与文化背景下人的心理差异研究[J]. 中共宁波市委党校学报. 2008:(3).

人口稠密、技术精湛的农民,成为中国古代以农立国的资源。除明王朝郑和下西洋一度对外贸易与交往十分热烈外,明清时期总体上像前朝一样,尤其在清代后期闭关锁国,在文化上实行控制,即使有外来文化亦被同化。

我们认为,自然地理环境对传播生态的影响,表现在三个方面:第一,中国的自然地理环境,为明清时期统治集团加强人身束缚和精神控制,提供了便利。第二,在传播地域控制上,多山偏僻、交通不便的古徽州,成为控制较为宽松的地方。第三,外来书籍与思想文化传播较少,外来思想观念传播不畅,古徽州社会文化传播的内容多为本土独自生发的文本,这为古代徽州社会家风文化的传播提供了理论依据。当然,这三个方面的影响是相对性的,正如前文所述,自然地理环境影响论本身是非绝对的。随着传播生态和生产力的发展,社会环境、经济环境等的改变,就会出现新的变化。

就古代徽州社会家风文化的传播而言,徽州号称"七山一水一分田,一分道路加田园",区域偏僻,地广多山,气候湿润,适合多种生物生长,因而自然资源丰富,为古代徽州人及其活动提供了充足的物质资料。历史上中原地区因战乱灾疫等原因,大批移民南下定居徽州,相对封闭的徽州为南迁人口提供了重要的迁徙地。尤其是宋代,大量中原人口的迁入,为徽州带来了先进的生产工具和生产技术,尤其是北方文化。自然地理环境的相对封闭,山里的社会似乎被山脉阻隔了与外部世界的紧密联系,徽州人有着相对的自由。这种相对的自由,促进了以本土新安理学为核心的各类学说,以及徽州家风文化和思想的发展。正如《徽州宗族社会》所指出的:"中原士族在徽州复制的宗族生活,是酿造程朱理学的酵母。反之,程朱理学又加固了徽州的宗族秩序。"[1]因为"自由"的环境是一种无代价资源,思想文化尤其是家风文化的发展是必然指向。因此,呈现徽州社会家风文化的家训、族谱、祠堂、书院等等,如雨后春笋般生长与传播。

另一方面,居住在徽州的人们,因长期相互来往,逐步形成了地域认同观念下的"地缘群体",并获得该群体成员的特性。这种特性不仅体现在以共同地域为背景的人形成的持久稳定的社会关系网络中,而且在更深层面上成为人们进行社会交往时判断他者行为模式的一种评判标准或者是社会预测:封闭的地理环境较为容易导致人们以自我为中心,心态趋于保守,因而徽州与其他地区相比,徽州社会家风文化是一个极为典型的传统中国的宗族社会的家风文化,徽州社会的家风文化在历时性上可以体现徽州文化的独特风景,其在共时性亦能反映传统中国的普遍景象,呈现徽州社会家风文化的家训、族谱、祠堂、书院以及乡规民约等等,种类数量更繁多,传承发展更深入,徽州人的理念更执着恒久。

---

[1] 唐力行. 徽州宗族社会[M]. 合肥:安徽人民出版社,2005:7.

第二节　传播内生态与家风文化传承发展

徽州家风文化传播的传播内生态,即家风文化在徽州的传播中的自身环境体系,主要指家风文化在徽州传播活动赖以进行的内部环境,包括传播者、传播媒介与内容、传播技术与受众等要素。

一、传播者

所谓传播者,在传播学中指信息的发布者,可以是一人或多人,可以是群体或组织。

组织传播。这指的是以某一组织为主体的、在组织内部和外部传递信息的行为,其目的是实现组织成员价值的趋同以达成组织融合。徽州家风文化传播过程中,其组织传播者,有官方下设的组织机构,但核心为徽州地方各宗族。

官方下设组织机构从国家层面制定法律、条令、规章等,对地方宗族、家族、家庭及其成员的道德规范、生产生活等进行规范。无论是明政权下设的吏、户、礼、兵、刑、工等,还是中国最后一个封建王朝清代设立的中央与地方机构以及地方官职总督、巡抚、将军、提督等府衙和府、县、乡、里等,包括其他作为政府治理的组织形式,通过政治制度、教育制度和科举制度等具体内容的制定和颁布,并以组织之力推动制度的执行。组织传播具有强制性,这些法律、条令、规章等,是徽州家风中不可或缺和必须遵守的重要内容,成为徽州家风文化传播最强大的力量。所以茗洲吴氏的家规有呼应官方制度的明确规定:"朝廷国课,小民输纳,分所当然。凡众户已户,每年正供杂项,当预为筹划,及时上官,毋作顽民,致取追呼。亦不得故意拖延,希冀朝廷镯免意外之恩……子孙有发达登仕籍者,须体祖宗培植之意,效力朝廷,为良臣,为忠臣,身后配享先祖之祭。有以贪墨闻者,于谱上削除其名。"[1]

学校是一级组织,徽州家风文化传播是学校组织传播的重要组成部分。明清时期徽州的社学、书院、私塾等的建立与完善,形成传播徽州家风文化传播的官办与私立并存的教育体系。在清代,朝廷倡导学校教育,学校如雨后春笋般建立,遍布于各地。学校教育中的内容,以润物细无声的方式,迅速传播、渗透和影响到徽州学子的价值观念以及社会的方方面面,潜移默化地引领徽州家风文化。可以说,学校组织的传播与扩散,在徽州家风文化传播中发挥了积极引领和强力推动的作用。

从乡村基层组织层面看,明清时期的徽州尽管在官方意义上设有乡里一级的基层组织,但徽州是以宗族社会为表征的,实质上乡里一级的官方组织与宗族具一体性。徽州宗族的发展在明清时期已达到极盛。徽州各宗族事务的管理,是以宗族关系为主干的血缘组织如宗

---

[1](清)吴翟.茗洲吴氏家典[M].合肥:黄山书社,2006:17-25.

亲会等,以宗族的族、门、支、派、房等组织为单位,依照本族的族规家法及族约合同进行的。"徽州宗族为了更好地管理宗族内外事务,在遵守国家法律的同时,不仅制定了本族的族规家法,更是因时制宜地议订了大量的族约合同,即以地方宗族的族、门、支、派、房等组织为制定单位,经由宗族群体因某一特定事项而订立,来对国家法律和本族的族规家法中未能明确规定的问题,提出具有针对性的管理办法和应对措施,以加强对本族族众进行管理和约束。"[1]

群体与个人传播。像组织传播一样,群体传播指的是以某一群体为主体的、在群体内部和外部传递信息的行为,其目的是实现群体成员价值的趋同以达成群体融合。与组织传播的强制性不同,群体传播重在以影响的方式来形成群体态度和意识,从而产生群体倾向,影响群体行为,体现群体归属,对民间风俗或宗族、家族、家庭观念与生产习俗、礼节习俗乃至衣食住行习俗等的形成具有特殊的优势。徽州社会家风文化群体传播的传播者,为宗族、家族、家庭等众成员。个人传播指个人对个人或个人对多人、群体、组织而进行的信息传播,包括传播学意义上的人内传播、人际传播。明清时期为徽州社会家风文化传播做出卓越贡献的个人,朱熹是最重要的传播者,其他有宗长、族长、宗子、家长等。礼仪象征着文明。被朝廷推及全国的朱熹《家礼》是徽州社会民间传播最普遍、遵从最严格之家礼本源,其传播主要依靠群体传播的影响力来实现。朱熹特别重视家礼的规范与习得,《性理大全》卷十九自序曰:"凡有本有文,自其施于家者言之,则名份之守,爱敬之实,其本也;冠、昏、丧、祭,仪章、度数者,其文也。其本者,有家日用之常礼,固不可以一日不修;其文,又皆所以纪纲人道之始终,虽其行之有时,施之有所,然非讲之素明,习之素熟,则其临事之际,亦无以合宜而应节,是亦不可一日而不讲且习焉者也。"《家礼》的核心内容,也成为徽州社会家规、乡规民约等形成的家风的核心内容,徽州家家、户户、人人俱知。朱熹《家礼》将古代婚礼归并为四礼:纳采——纳雁(初期为雁,后以其他事物礼品替代)以为采择之礼,问女生之母名氏,将归而筮之也;定聘——得吉而纳之女家,纳币以为婚姻之证;请期——谓请婚姻之期日也;亲迎——即娶亲婚婿往女家亲而迎之也。这一整套礼仪程序在徽州已形成婚礼习俗,由礼而风,遵守《家礼》成为徽州社会家风的一个必须的存在。

二、传播媒介与内容

传播媒介,在传播学上指的是在传播中使用的、连接传播者和传播受众双方的一种介质,包括物质实体、工具或技术手段。

一个时代的信息传播由该时代同时存在的多样化媒介共同参与完成。明清时期,徽州社会家风文化的传播媒介有:口语媒介(说唱、表演媒介),文字媒介(抄写或印刷媒介),绘画媒介、雕刻媒介、建筑和日用媒介等。传播内容指的是媒介负载的信息。多样化的传播媒介所负载传播的徽州社会家风文化,可以大致分为观念形态、物质形态和生活形态三种形

---

[1] 陈雪明.明清徽州宗族祖先祭祀族约文书档案研究[J].档案2021(1):27-31.

态。其中，观念形态的徽州社会家风文化，主要记录在官方的政策法律制度、县志与府志、宗族与家族族谱家规和学术研究之中；物质形态的徽州社会家风文化，主要体现在衣食住行、建筑、祠堂等之上；生活形态的徽州社会家风文化，主要存活于民俗与日用伦常之间。

口语媒介（说唱、表演媒介）是徽州社会家风文化传播中的一种日常化的媒介。口语媒介指的是以口头语言形式进行传播的媒介，口语传播由语言、语音、语义构成，具有口头语言与体态语言、动作语言相伴随，传播空间范围有限、易懂但不易保存的特点：政策法律制度、县志与府志、宗族与家族族谱家规内容的言传身教，学校儒家典籍、政策法律制度等的口语教学等等。口语传播也常常采用民歌、戏曲等说唱、说书等娱乐方式进行。这种娱乐式传播往往是一种较有效率的传播。

文字媒介是一种以书面符号体系形式进行传播的媒介。文字媒介具有传播时间长、传播范围广、易重复、易保存的特点。文字传播也是徽州社会家风文化传播中的一种显得正规和庄重的方式。文字媒介的这种书面符号体系，由字形、语音、语义等构成。古代典籍的文字是没有标点的，需要断句。《朱子家训》作为具有标志意义的徽州家风的经典和代表，精辟地阐述修身齐家治国之道，就是由317字及其字形、语音、语义构成（不考虑标点）。这317字及其字形、语音、语义连接起来，就形成了封建社会、封建社会宗族家族家庭等的伦理纲常、道德规范。同时，这样的文字传播，世代流传，亦可以批量生产，一定程度上消除了徽州地域十里不同音、各方言区之间的口语传播的障碍和歧义。

绘画媒介、雕刻媒介、建筑和日用媒介等是着眼于工具或技术手段的物资实体，是徽州社会家风文化及其传播的物质呈现。其传播过程中，蕴含徽州社会家风文化的衣食住行、牌坊、碑记、徽派建筑等，一方面，易于以显性的方式传达官方的政治——伦理价值导向，另一方面又易于以显性的方式传播徽州人人生观、价值观、伦理观等家风观念。如统治者通过设立牌坊的方式来旌表伦理楷模。如牌坊被认为是"封建时代表彰忠孝节义、功德、科第等所立建筑物"[1]，具有"旌表褒奖、道德教化、空间分界、情感承载、纪念追思、炫耀标榜、理念体现、风俗展示、装饰美化、标识引导等十大功能"[2]。徽州家法族规关于"忠"的规定，实乃明清封建纲常之首，亦是徽州社会宗族家族和家庭所倡导的精忠报国、忠孝两全的家风。在徽州的牌坊中"恩荣"牌坊比比皆是，遗存至今并成为文化遗产的，如歙县"县学甲第"牌坊，歙县许国"大学士"坊，西递胡文光"荆藩首相"刺史牌坊，鲍尚贤"工部尚书"坊，胡富、胡宗宪的"奕世尚书"坊，潜口方氏石牌坊等等，至今依然起着诠释和传播家风的功用。

---

[1] 辞源[M]. 商务印书馆. 1979: 593.
[2] 金其祯. 论牌坊的源流及社会功能[J]. 中华文化论坛. 2003: 71-75.

歙县县学甲第牌坊[1]（王宁 摄）

徽州西递胡文光刺史牌坊（王天阳 摄）

---

[1] 歙县县学甲第牌坊又称三元坊。位于歙县县城县学前，为县学的门坊。建于清乾隆年间。四柱三间五楼，宽约5.5米，高约6米。正面楼匾上刻"甲第"二字，额仿上刻"状元""会元""解元"字样；背面楼匾上刻"科名"二字，额杭上刻"榜眼""探花""传胪"字样。每块额枋空档处镌有历代歙县中试者姓名。

潜口方氏石牌坊[1]（郑强 摄）

除以上媒介外，徽州社会家风文化的实际传播中，歌谣、舞台戏曲、祠堂、年节、传统仪式和民俗等，作用巨大。

多样化的具有不同特点的传播媒介，极大地推动了徽州社会家风文化的流传和接受，拓宽了徽州社会家风文化的生存空间，增大了徽州社会家风文化传播的影响力。由此徽州社会家风文化在引领家庭和人的思想、行动上，已日常生活化。

三、传播技术和受众

明清时期，是徽州社会家风文化生长与成熟期。从信息传播看，这个时期处在以印刷媒介为主体的传播阶段。

印刷术作为中国古代四大发明之一，对推动世界文明进程和文化发展做出了不可磨灭的贡献。由于商业、手工业以及城市的繁荣和社会文化的发展，民间对书籍的需求量大增，从而促进了刻印业的发展。明清时期民间刻印业分布很广，几乎遍及全国各地，印刷书籍的品种除经史子集外，政策法律制度、县志与府志、宗族与家族族谱家规、戏曲和学术研究著作、平话、小说、戏曲故事及各种通俗读物被大量刻印。

---

[1] 潜口方氏石牌坊建于明代嘉靖年间，牌坊正面无题字，只雕着一个龇牙咧嘴的"鬼"，手里拿着一支笔，脚上踏着一只方形大斗，"鬼"与"斗"合起来为"魁"。牌坊背面刻了月宫桂树图。表明立坊者方氏期望家族子弟多出文魁星，去蟾宫折桂。

徽州一带是纸、墨、笔、砚"文房四宝"的产地，还以多出刻版大家而著称。进入明清时期，这里的刻印业发展迅速。由于徽州得天独厚的社会人文条件与自然资源，采用雕版刻印或活字印刷技术，其时的徽州已是全国四大刻书出版中心之一。徽州主要雕版刻印之地称书坊，属私人经营性质的书坊多，称为私刻；属于官方的书坊，称官刻或府刻等。除徽州刻印技术和工艺上的发展和创新引领全国风气之外，这里的造纸业和制墨业发达，彩色印刷、多色套印、插图版画、包背装与线等技术普遍应用，装刻本字体精美、插图出彩著称，特别是汪氏环翠堂刻本，成为徽州刻印的代表。这个时期的雕版刻印术和活字印刷术，已至臻成熟，刻印技术和工艺方面的发展和创新出现新的景象。

明清时期是徽州社会刻印政策法律制度、县志与府志、宗族与家族族谱家规、戏曲和学术研究著作最为活跃的时期，徽州之所以成为全国四大的刻书出版中心之一，在于书坊刊刻了数量巨大、内容丰富、形式多样的家风文化传播的书籍，在于徽州有众多的刻印人员、完善的设施及不断改进的技术。此外，"由于受到人文、历史、地理、经济等诸多因素影响，徽州刻书装帧表现出强烈的区域文化特征。这种产生于民间、发展于民间的徽派木刻插图艺术构成了徽州坊刻图书装帧艺术的鲜明特色，集中展示了传统农耕文明的精髓。明清时期，徽州迎来了刻书出版的黄金时期，书籍刻坊遍及徽州及周边区域，作为徽州刻书装帧最具地域特色的木刻插图艺术获得宝贵的发展机遇，开创了书籍装帧整体形态重视艺术欣赏价值的崭新局面。"[1]因此，从传播工具与技术层面审视，其时的徽州均能保证徽州社会家风文化传播的实现。

徽州社会家风文化传播的受众，是指徽州社会家风文化传播的对象和接受徽州社会家风文化的人的集合体。

从明清时期实际传播与政府政策倡导的维度划分，徽州社会家风文化传播的受众大体分为三类：一为宗族家族家庭等成员，二为社会教化类受众（含学校教育类受众），三为政府组织传播类受众。

纯粹从受众的维度审视，徽州社会家风文化传播的受众又可以分为直接受众与间接受众。作为徽州社会家风文化传播受众的徽州宗族家族家庭等成员，是直接受众的主体。直接受众通过阅读朱子理学文本，或通过阅读族谱和乡规民约等，接受朱子理学内容，接受家风文化。其获取文本的方式主要有家藏、购买、转借、租赁，或学校师生由学校发放。无钱无闲、教育程度低的社会底层大众为间接受众。间接受众通过非直接方式接触朱子理学，他们或依靠他人的二次传播，或通过围观，或参加仪式，或看免费戏曲等途径间接接受朱子理学的内容，或族谱和乡规民约等。这样，一方面，直接受众渐渐地成为主动的接受者，或精英受

---

[1] 刘澜汀.高春妍.明清徽州刻书装帧撷[M].谈出版发行研究.2014：105-107.

众,或精英实践者,且在多数情况下转化为传播者,从而打破传播者与受众的界限,有利于徽州社会家风文化在传播者和受众间的良性循环;另一方面,间接受众会促进徽州社会家风文化的渠道、途径和样式等的多样化,如体现徽州社会家风文化的歌谣、戏剧、民间说书等徽州社会家风文化传播中的喜闻乐见的传播样式的产生,繁荣徽州社会文化,否则徽州社会家风文化在无钱无闲、教育程度低的底层大众中的传播必然不畅。

社会教化类受众(含学校教育类受众)。社会教化是维持徽州社会秩序和加强徽州社会整合的一种教育形式,亦是徽州社会家风文化传播的重要受众。社会教化通过人文、伦理、道德及其规范的教育,把家国、社会、伦理等徽州社会家风文化的诸多内容与个人的人生实践和发展方向紧密地联系起来,构建出以群体价值为取向的,植根于社会生活和具体人生的社会化模式。社会教化的行为主体包括所有社会组织、群体或个人,如政府机构、民间团体、宗族家族家庭、官员、社会贤达、寺庙等多种社会力量;其受众为每一个社会的人。明清时期,朱子理学成为徽州地区社会教化的主要内容,社会教化的行为主体政府机构、民间团体、宗族家族家庭、官员、社会贤达、寺庙等,通过宣讲、树立榜样、给予褒奖、实施惩罚等多种方式的途径,对全体徽州社会民众施教,充分发挥朱子理学、族谱家训、乡规民约等规范个体行为、促进徽州社会家风文化传播功能。学校是徽州社会家风文化传承的公共场所,学生是徽州社会家风文化的理所当然的受众。

政府组织传播类受众。包括各级政府和组织构成的群体或个人。明清时期,统治者对整个社会的政治制度、社会伦理、日常规范、主流意识形态等提出新的要求,贯穿朱子理学核心内容的族谱家训、乡规民约等,成为徽州社会家风文化的载体。从政府倡导到社会实践,徽州各级组织构成的群体或个人,实质上是以受众形式推动徽州社会家风文化的传播。

综上所述,徽州社会家风文化传播内生态,是通过类型众多的传播者,各具特色的传播媒介,不断进展的传播技术,不同特质的传播受众,保证了徽州社会对家风文化形成共识和确认共识,成为徽州社会家风文化认同的良好的传播内生态环境,起到了形成、推动和促进文化认同的作用。

第三节 传播新生态与家风文化传承发展

徽州社会家风文化传播的传播新生态,即家风文化在徽州的传播中的意义环境体系,主要指家风文化在徽州传播的外界现实环境与自身环境的共同作用下,产生出的传播影响和效果,包括受众反应、社会反应等要素。

第一,这种影响和效果体现在受众接受徽州社会家风文化传播所呈现或所倡导的价值观念和行为规范等。

第二,这种影响和效果既是具体的微观的,也是综合的宏观的,在认知层面,通过作用于受众的知觉和记忆体系,引起受众关于徽州社会家风文化传播的知识量的增加和知识构成的变化;在心理和态度层面,通过作用于受众的观念或价值表现,引起受众对徽州社会家风文化传播的接受的情绪或感情的变化;在行为层面,通过对徽州社会家风文化传播认知的累积、态度的转变,将所呈现或所倡导的价值观念和行为规范行为化。

第三,这种影响和效果包括议程设置效果、涵化效果等,议程设置效果、涵化效果和既有价值取向效果等构成了传播意义环境即徽州社会家风文化传播的新生态。

徽州社会家风文化传播的议程设置效果、涵化效果和既有价值取向效果是怎样的呢?

一、议程设置效果

议程设置也可以称为设置议程,指的是传播者提供信息和安排相关的议题,可以有效地带来受众的关注并采取行动的效果。传播者提供信息和安排相关议题的强度和密度,与受众的接受和采取行动具有一致性,强度和密度越高,效果越显著。

徽州社会家风文化的传播过程中,上文所述的组织传播、群体传播和个人传播,都会通过有意识或潜意识地设置议程,来引起徽州民众对家风文化的关注并采取行动,产生徽州社会家风文化影响民众的效果。

《茗洲吴氏家典》规定"冠礼仪节":"冠,男子年十五至二十皆可冠。必父母无期以上丧,始可行之。大功未葬,亦不可行。前期三日,主人告于祠堂。设酒果如常仪。主人谓冠者之祖父母、父母、兄弟家长者。若宗子已孤而自冠,则自为主人……前期三日戒宾……夙兴,陈设……厥明,夙兴,陈冠服……主人以下序立……迎宾仪节……始加冠仪节……再加冠仪节……三加冠仪节……行三加礼,宾揖冠者即席……行醮礼,宾揖冠者即席。请宾就次,主人以冠者见于祠堂……冠者见父母尊长。父母前行四拜,父母为之起……礼宾:宾主各就位。主人两拜谢宾,宾答拜。主人又谢赞者,两拜。主人陈酒馔享宾,酬以束帛,并及赞者。燕毕,主人揖送而出。冠者出见于乡先生及父之执友。行两拜礼,皆答拜。有教言,则再拜以谢。先生执友不答拜。"[1]

这段文字,表述了六层议程设置:

1. 在什么年龄要行冠礼上设置议程:男子年十五至二十皆可冠。

2. 在什么条件能行冠礼上设置议程:必父母无期以上丧,始可行之。大功未葬,亦不可行。大功未葬,亦不可行。

3. 在如何启动行冠礼上设置议程:前期三日,主人告于祠堂。设酒果如常仪。

---

[1] 吴翟. 茗洲吴氏家典[M]. 合肥:黄山书社,2006:64-72.

4. 在何人主持行冠礼上设置议程：主人谓冠者之祖父母、父母、兄弟家长者。若宗子已孤而自冠，则自为主人。

5. 在行冠礼仪程、礼生（司仪）、内容上设置议程：前期三日戒宾……夙兴，陈设……厥明，夙兴，陈冠服……主人以下序立……迎宾仪节……始加冠仪节……再加冠仪节……三加冠仪节……行三加礼，宾揖冠者即席……行醮礼，宾揖冠者即席。请宾就次，主人以冠者见于祠堂……冠者见父母尊长。父母前行四拜，父母为之起。礼宾：宾主各就位。

6. 在行冠礼上主持人的礼仪及结束程序上设置议程：主人两拜谢宾，宾答拜。主人又谢赞者，两拜。主人陈酒撰享宾，酬以束帛，并及赞者。燕毕，主人揖送而出。冠者出见于乡先生及父之执友。行两拜礼，皆答拜。有教言，则再拜以谢。先生执友不答拜。

每一层议程设置，都与行冠礼仪节所形成的有关徽州社会家风文化息息相关，其效果是：引起徽州社会民众的关注并采取行动，以徽州社会家风文化的仪节行为规范得到宗族、家族认同，经过冠礼仪节行为人、群体、宗族和家族组织的传播在徽州社会产生影响和效果。

二、涵化效果

所谓涵化效果，指的是不间断的社会信息的传递，是对受众形成社会中的主流意识形态和文化价值的灌输或培养，从而产生潜移默化的效果，当这种效果在某一受众群体中非常突出时，就会发生"主流化"共鸣。

在通常意义上，社会存在与发展需要"主流化"共鸣，这是涵化效果成立的基础。徽州社会家风文化的传播，对徽州社会受众的影响是一个长期的、潜移默化的过程，在不知不觉中制约着受众的世界观、人生观和价值观，并在整个徽州社会导致"主流化"共鸣。

徽州社会的很多风俗皆来自于《朱子家礼》。如祠堂形制："君主将营宫室，先立祠堂于正寝之东。为四龛，以奉先世神位。祠堂之制，三间，外为中门，中门外为两阶，皆三级，东曰阼阶，西曰西阶。阶下随地广狭以屋复之，令可容家众叙立。又为遗书、衣物、祭器库及神厨于其东。缭以周垣，别为外门，常加扃闭。祠堂之内，以近北一架为四龛，每龛内置一卓。神主皆藏于椟中，置于卓上，南向。龛外各垂小帘，帘外设香卓于堂中，置香炉香盒于其上。两阶之间，又设香卓亦如之。"[1]

徽州人祭祖有程式化的祭祖仪节。祭祖仪节，在徽州社会家家户户得到普遍遵从，成为家风文化的内容。如祭祀用品的选择、位置与数量，据绩溪《涧洲许氏宗谱》记载："中堂设猪羊一副。寝室内供仪五席，每席六碗，蹲筷五副。寝室外桌一只，设筵五具上挂五辇，桌下

---

[1] 王鹤鸣、王澄著.中国祠堂通论[M].上海：上海古籍出版社，2013：11.

用盘一个放石沙黄茅。中堂献菜一席,计廿四碗,毛血盘两面。左右配享,每席供仪六碗,酒三蹲。下堂中间桌一只,设斋戒牌一个。下堂两边分献桌各一只,上设祝版,读祭文时分献与引分献者读之。东边廊下司樽所,礼壶一把,酌盏三只,馔碗三只,羹食各三盏,点两盘,果盒壹个,茶一盏,胙肉一盘,帛三套,祭文一篇,降神蹲一只。两边廊下盥洗所,面架一个,铜盆壹个,手巾一条。"[1]

上述内容,同样源自于《朱子家礼》中关于"祭礼"的"仪礼"的规定。《朱子家礼》在徽州社会长期的、潜移默化的传播与生活实践中,其效果是显而易见的,就仪礼而言,"徽州人把朱熹的《朱子家礼》看作具有划时代意义的伟大著作……"礼"的意义不只是仪式中隐含的伦理道德,而是一种人为的制度,积淀为文化。……在祭祀活动中,人们既涵养美德,又传承孝道。从古至今,通过祭祀来传承孝道,个中蕴含着浓厚的生命信仰与道德学问。"[2]就徽州社会家风文化的传播而言,导致整个徽州社会"主流化"共鸣,朱子理学成为主流文化,影响、规范和沉淀着徽州社会家风文化及其长远的发展。

三、既有价值取向效果

所谓既有价值取向效果,指的是社会信息的传播,起决定性影响的是受众的群体背景或社会背景,这是人们对事物的态度和行动的核心要素。通常情况下,人们更愿意选择接触那些与自己的既有立场和态度一致或接近的事物或行动,反之则采取回避的态度。

在长期的文化传播与实践中,明清时期徽州社会家风文化以渗透朱子理学内容的宗谱、家规家法、乡规民约等呈现的家风为既有价值取向。这种长期浸染群体背景或社会背景的徽州人的价值观念与家风,不易变更。其他都难以改变受众已经形成的价值取向,受众依旧继续秉持既有价值取向。

绩溪耿氏宗谱《家族规则》中规定:"自今以往,族学乡学各从其便,普通专门各因其材。才美者,培成之;力细者,资助之;无才力者,则于义务教育毕业后,即令进以职业教育,于农工尚各就一业。务使一族之人各俱有公同道德,独立能力而后已。女学亦宜并重,惟不必陈义过高,但教之明礼教以正性情,习书数以理家事,以及手工、缝纫、饲蚕、缥丝、绩麻之学,以堪为贤妇贤母之资。其俊秀而有力者,欲求精到之学术,则听其自为之。"[3]这种价值取向,是遵崇朱熹教育思想的表现,在徽州世代遵守并相传,成为家风内容。

因此,从徽州社会家风文化传播的议程设置效果、涵化效果和既有价值取向效果看,以朱子理学为核心的徽州社会家风文化传播带来的影响和效果,形成了徽州社会家风文化传

---

[1] 张小平. 聚族而居柏森森: 徽州古祠堂[M]. 沈阳: 辽宁人民出版社, 2002: 142.
[2] 高玉娜. 从朱子家礼朱熹的孝道主张[M]. 合肥: 安徽大学出版社, 2012: 25-28.
[3] 王鹤鸣、王澄著. 中国祠堂通论[M]. 上海: 上海古籍出版社, 2013: 362.

播的新生态。这种新生态以原有生态为核心,在原有生态基础上传承发展和不断完善,徽州民众由此进入新一轮更高程度的徽州社会价值观认同和家风文化认同。

综上,本研究认为,徽州社会家风文化的生成、传承与发展,根据在于传播生态,传播生态对其产生关键影响。

徽州唐模村"同胞翰林"牌坊。康熙皇帝旌表许承宣、许承家兄弟先后考取进士并被钦点翰林所赐予。它既是许氏家族"学而优则仕"的表征,又是徽商贾而好儒的真实写照。(张小玉、刘清清 摄)

第四章　家风文化传播机制、路径及理学教育价值

前文已述,传播生态本质上是信息或文化传播(家风文化传播是一种信息传播)环境,包括传播外生态、传播内生态和传播新生态环境。这类环境的影响可以是定向的、自觉的、强制的或直接的,也可以是非定向的、非自觉的、潜在性和渗透性。这类传播环境要产生影响或效果,都会有一定的过程来产生和实现。在这一过程中,相应的机制、路径选择,左右着传播目标的达成。

第一节　徽州社会家风文化传播机制

考察徽州社会家风文化传播的实际,通过审视和分析我们发现,其发生机制有四种:感染、暗示、模仿、遵从。这也是社会环境与人相互作用的四种机制。

一、感染

感染是指通过语言、行为或其他方式,激发起他人产生相同的思想感情或认知。它是一种引发共鸣的传播机制。感染作为徽州社会家风文化传播的一种发生机制,有多种形式的表现,如受众观看徽剧时,随情节的发展忽而兴奋或忽而忧郁;祠堂祭祀时,气氛庄严肃穆,祭祀者神情沉静、庄重等等。在传播生态中,徽州社会环境中的一些特殊因素很容易让人在某些心理状态下敏锐地感觉到,并随之迅速地传递、扩散。这种一传十、十传百的连锁反应模式,会快速将产生共鸣。

感染这种发生机制,推动了徽州社会家风文化的传播。徽州社会的宗规、家礼、家训、乡规民约等具有内在规定性的家风载体,因感染而激发人们崇尚的精神状态,在民间得到普遍性传播、推广与认同。《朱子家礼》中的"忠孝节烈""仁者爱人""躬身实践""重仪节""重亲情"等,这种观念倡导和实践行为,"为徽州社会践行孝道的家风文化树立了榜样,形成了稳重厚道、诚信义气、人人和谐、勤劳俭朴等,孝道主张从这些细小的方面体现出来"。[1]

---

[1] 李方泽. 从朱子家礼看朱熹的孝道主张[D]. 安徽大学, 2012: 66-67.

这种由感染而生的共鸣机制,对自己和他人,均产生感性的或理性的拟制力,让人时刻感觉到徽州社会家风文化的无处不在,自觉或不自觉地遵循,为徽州社会家风文化传播乃至经济的繁荣发展奠定了基础。

二、暗示

与感染发生作用相似的机制是暗示。暗示同感染关系密切,感染大多情况下首先是感性的影响,暗示则是理性的作用,或介于感性与理性接受两者之间,是情绪——潜移默化的过程。暗示的过程或许有意图或目的,且具有口语、体态和文字的性质和扩散传播接受的倾向。"面对暗示,大多数接受者做出的反应既不是同意,也不是反对,而只是在现成结论的基础上的无条件接受。"[1]

明清时期的徽州大地,山川秀丽,重教习礼、人才辈出。"读书起家之本、循理保家之本、和顺齐家之本、勤俭治家之本",这"四本"是朱熹《家训》《家政》表达的治家思想和家风,也是对祖父朱森、父亲朱松的家风传统的继承,是朱熹践行修身齐家思想的写照。"读书""循理""和顺""勤俭"等作为一种修身齐家理性,作为身体力行致力于社会风气的教化,作为视朱子理学为圭臬的徽州,不管在什么地方,都表现出对此的无条件接受。社会风气受此影响,由宋到清,徽州一直是"四本"最兴盛的地方。

明清时期,徽州社会家风文化的暗示的过程是有意图或目的的,其特点在于传播者不需说理论证家风文化,只是动机的直接移植徽州人宗谱、家规家法、乡规民约等呈现的家风。因为这种家风的暗示,对徽州人的心理和行为产生潜意识式条件反射,徽州人自然而然地接受。

三、模仿

模仿是指个体、集体或组织,在感知他人的行为后所再现或复制的一种类似行为,指仿照或重复一种现成的模样做。这种仿照或重复人类情感的习性与本能,可以是自发的和无意识的,也可以是有意识的,并且具有传染性。"模仿是个体、集体或组织对传播生态的信任自觉,也是传播生态对个体、集体或组织的操纵和控制。"[2]它通常表现为:下层模仿上层、儿童模仿成人、农村模仿城市等。

模仿是明清时期徽州社会家风文化传播的又一种发生机。在徽州社会家风文化传播中,徽州自然地理环境的封闭,以及相同的价值观念,易于导致不同宗族、家族和乡村的徽州人,当感知他人的观念、行为符合自己的意思表达或行为认同,就会本能地、自发地再现或复制此种类似观念与行为,且相互传染,父母模仿宗族,子女模仿双亲,徽州社会家风文化由此

---

[1] 刘洁. 广告语言的修辞分析[D]. 云南师范大学, 2006.

[2] 刘洁. 广告语言的修辞分析[D]. 云南师范大学, 2006.

发扬光大。

徽州社会家礼、家训、族规、乡规民约等的内容差别不大,与仿照或重复相关,就是最好的证明。

四、遵从

遵从是指不违背规定和要求,遵照实行或执行。个体、集体或组织在传播活动中,受到传播生态环境的规定和要求的制约,"而在知觉、行为或观念上所发生的与传播生态中某些因素相一致的变化"。[1]在文化传播中,传播生态中集体或组织的规定和要求,对此生态中的,往往比其他更有分量。

徽州社会家风文化的传播,对于徽州受众而言,在上述的传播生态中,宗族、家族或家庭中的个人,有一个对家风文化认识、辨别、理解从而获得新认识的过程。这一过程是潜在的有目的性的刺激—反应的互动,加之宗族、家族或家庭所要求的崇尚家风的语境,这时的互动与是否接受家风文化的行为目的就有直接的联系,宗族、家族或家庭中的个人在互动中运用自己已有的关于家风文化的认知,对照自身的理解与经验,当知觉、行为或观念上感受到家风文化与自己的理解与经验相一致时,遵从自然发生。

综上所述,感染、暗示、模仿、遵从这四种机制,将传播生态与徽州社会家风文化的传播联系起来,一方面说明徽州社会家风文化的传播的根据在于传播生态;另一方面则表明传播生态对徽州社会家风文化的传播产生关键影响。

第二节 徽州社会家风文化传播路径

明清时期,徽州社会家风文化的传播主要有两条路径:显性传播路径和隐性传播路径。

一、显性传播路径

所谓显性传播路径是指一系列的公开化、有组织的传播途径,主要包括政策法规和制度、学校教育、学校(书院)教育等传播路径。

第一,政策法规和制度是以完成某种政治目标为主旨,立足于为当政者的意识形态服务,基本上发挥维护政治体制的作用。明清时期,官方各个时期在徽州推行的政策法规和制度,在其制定过程中,朱子理学一直是政策法规、宗谱家训等内容的内核,尽管有时对家风源头的朱子理学、宗谱家训、乡规民约等具体内容的理解、认知和传播的侧重点有所不同。

徽州本是理学的发祥地,徽州社会本身蕴含浓厚的中国传统思想,有利于以理学为核心的家风文化在徽州社会的传播环境的形成。

---

[1] 刘洁.广告语言的修辞分析[D].云南师范大学,2006.

第二，从学校（书院）教育看，明清时期作为家风源头的朱子理学一直是徽州社会学校教育的主要内容，经典理学著述也成为徽州社会人们必读的基本书目，作为家风源头的朱子理学的传播在徽州教育中始终处于主导地位。

明清时期，官方发展文教事业，兴学校、开科举，徽州人多崇奉理学，主要内容强调"忠孝节义""仁义礼智信"等，这种教育对徽州社会家风文化产生了广泛影响。"四书五经"及选编的艺文成为学校教育、科举考试的重要内容。徽州社会的学子们通过研读理学经典参加科举考试成为政府官员，这些政府官员往往又成为理学观念的践行者和卫道者。

第三，创立书院的规制和精神、建立书院讲学传统亦是朱熹的最大贡献之一。作为家风源头的朱子理学在徽州社会扎根，受益于书院教育的推动。徽州有众多的迅速发展的讲授朱子理学的书院，书院教育成果已深深积淀融化为徽州社会家风文化，且成为徽州人心理和自觉遵守的规则与习惯。赵汸《商山书院学田记》说："新安自南迁后，人物之多，文学之盛，称于天下。当其时，自井邑田野以至于远山深谷，居民之处，莫不有学有师有书史之藏。其学所本，则一以郡先师朱子为归。凡六经传注、诸子百氏之书，非经朱子认定者，父兄不以为教，子弟不以为学也。是以朱子之学虽行天下，而讲之熟、说之详、守之固，则惟新安之士为然，故四方谓之东南邹鲁。其成德达材之士为当世用者，代有人焉。"[1]反过来又加快了徽州社会家风文化的传播。

二、隐性传播路径

所谓隐性传播路径是指一系列的以潜移默化的形式作用于社会团体和社会成员的传播途径。在明清时期徽州社会家风文化的传播中，这种隐性传播路径主要包括宗谱、家礼、家训、乡规民约等的传播，民间信仰和建筑传播、文艺典籍传播等。

第一，宗谱、家礼、家训、乡规民约等的传播。

明清时期的徽州，徽州宗族通过制定家训和编撰家谱等方式，传播、宣传、弘扬以朱子理学为核心精神的中华传统观念和传统文化，对宗族、家族、家庭成员实施教化。影响深远的《朱子家训》，成为传播与学习的典范。家族修谱是希望通过这项活动来强化对族众的伦理教化，引导族人尊祖睦宗，修谱本身就是一种儒家文化符号。朱熹本人极力倡导修谱，他甚至认为："三世不修谱，当以不孝论。"[2]

明清时期徽州宗族宗谱对入谱人员有明确规定。徽州休宁《程氏本宗谱序》规定："子孙或有作过者不睦者、侵祖墓者、口弃手泽者、婚姻不计良贱者，黜之不书使有所惩。"[3]"凡

---

[1]（清）吴翟. 茗洲吴氏家典[M]. 合肥：黄山书社，2006：18-19.
[2] 金山洪氏宗谱后序（歙县）[A]. 安徽省博物馆藏.
[3] 李杰. 程氏本宗谱序[A]. 安徽休宁率口程氏续编本宗谱六卷[C]. 皖南历史文化研究中心藏复印本.

是名列家谱者，必须是具备孝悌之心、忠信之义、礼义之行的族人子弟，才可名列家谱，为宗族增光，而作谱者通常还会将族人的功勋事迹、科举登第等情况载入家谱，甚至在做家谱时将质行较著者，单独立传，从侧面告诫后世子孙要多为善，修正品德，力争上游，不做辱族之事，这是明以前徽州谱序中所未提到的。"[1]

第二，民间信仰和建筑等的传播。

明清时期的徽州是一个典型的宗族社会，在理学的支配下，徽州宗族世界中的祖先崇拜自然是第一位的。徽州汪姓繁多，可谓"四门三面水，十姓九家汪"[2]，汪氏宗族是徽州的名门望族。在徽州民间崇拜为避免战火蹂躏百姓而挺身统领歙州、建立吴国、后弃王位归唐的歙人汪华，其保歙安民所体现的爱国主义和英雄主义世代流传，徽州人普遍存在汪华信仰。徽州一府六县的汪氏后裔，为纪念共同祖先"越国公汪华"，定期举办大型的民俗活动"汪公会"，在祈福禳灾的同时，弘扬其忠君爱国和福惠于民精神。

明清时期徽州建筑烙上了浓浓的儒家思想文化的印记。如徽州建筑祠堂，本是供奉和纪念的场所，实际上是宗族占地为族的符号。徽州各地，祠堂遍布。徽州宗祠以三进四进乃至五进结构组成完整的建筑体，建筑格局主次分明、正侧清晰。从徽州祠堂建筑的外观看，立面上少窗，整个建筑由实体砖墙围合而建，外观表现出很强的私密私人性、内向性。从祠堂内部看，设有通风采光的天井，上下厅堂及厢房以天井为中心聚焦，正堂空间对称，表现出很强的聚合性、内向性，与宗族安内攘外的特性吻合，亦是儒家修身齐家的物化。门口的门当户对，正堂里有意识摆设的花瓶等，寓意宗族权势与宗族平安。徽州祠堂隐性表达宗族的尊崇与信仰，蕴含理学伦理纲常理念。

第三，朱子典籍传播。朱熹及其传人在徽州讲学授业，著书立说，留下一批阐扬理学的典籍。明清时期，统治者重视理学，《四书章句集注》成为官定的必读注本和科举考试的依据，促进了朱熹及其传人的著作的传播。

此外，明清时期的徽州刻书业发达，销售朱子典籍的书商众多，有固定的坐贾，设立书店进行销售，以买卖的方式进行；也有流动的行商，或远途贩运、异地设店，或开设流动的小摊小贩等。

第三节　朱子理学的教育价值

朱子理学在明清时期徽州社会成为文化的主流，朱子理学的教育价值主要是透过官方

---

[1] 于程琳.简析明代徽州谱序的发展概况[J].宜春学院学报.2013（1）：46-48.
[2] 汪承兴、汪士宏.大唐越国公汪华颂歌[M].北京：新华出版社，2009：19.

的教育体系(包括官方许可的私立教育机构)和教育活动进行的。学校教育是实施文化传播传承、培养人才的主阵地,其他教育形式是扩大文化传播的积极渠道。

一、教育价值

朱熹在长期的教学实践中形成了鲜明的教育思想。他深刻认识到教育能够而且必须"教之以穷理、正心、修己、治人之道"。[1]

(一)"五伦"为"五教之目"

朱熹将儒家的"五伦"立为"五教之目",即父子有亲、君臣有义、夫妻有别、长幼有序和朋友有信。其中"五伦"指中国传统社会的父子、君臣、夫妇、兄弟、朋友五种人伦关系。"五伦"关系的行为准则为忠、孝、悌、忍、善,即君臣之间有礼义之道,故应忠;父子之间有尊卑之序,故应孝,兄弟手足之间乃骨肉至亲,故应悌;夫妻之间挚爱而又内外有别,故应忍;朋友之间有诚信之德,故应善。由此朱熹特别重视传统的伦理纲常教育,并强调"学者学此而已"——道德教化的重要性,强调教育目标不仅仅表现为个道德修养的提高,包括传道济民的更高诉求,即由道德、伦理、济世三者组成的共同体。在此基础上,朱熹还特别强调"为学之序":博学之,审问之,慎思之,明辨之,笃行之。

在教育实践方面,朱熹修建了当时全国四大书院中的白鹿洞书院和岳鹿书院,创建了全国闻名的考亭书院,另外还建立武夷书院、紫阳书院、晦庵书院、建安书院。朱熹卓有成效的教学实践活动,促进了其在总结前人教育经验基础上建立比较完备的教育教学模式,同时也形成教育教学思想体系。

朱熹教育思想的形成,与时代环境休戚相关。北宋以后,理学家们为了传播、研究理学思想,培植和扩展理学势力,深感实施书院教育的必要。于是他们以书院作为讲学基地,在讲学过程中,既反映时代的学风,又推动学风的发展,并使学术思想再度活跃,这为朱熹书院教学思想的形成营造了一个客观氛围。同时官学的没落、科举的腐败,增加了理学家们对书院教学的思考与探索,这为朱熹书院教学思想的形成提供了强大的内部动力。

(二)"明人伦为本"

朱熹毫不避讳地指出,教育是为了培养学生以"明人伦为本",即培养治理风俗日衰、伦理日丧,提高德业的人才。朱熹把"父子有亲,君臣有义,夫妇有别,长幼有序,朋友有信"作为《白鹿洞书院学规》揭示出来,把此"五伦"概括为"五教",将明"五伦"作为"定本"。所以朱熹说:"圣学不传,世之为士者,不知学之有本"[2],"熹闻之侯之所以教于是者,莫非明义

---

[1]《朱文公文集》卷七十六,《大学章句序》。
[2]《朱文公文集》卷八十,《福州州学经史阁记》。

反本,以遵先王毂学之遗意。"[1]这里的"遵先王之遗意"和"明义反本"便是教育的根本和目的。从"遵先王之遗意"来说:"古者圣王设为学校,以教其民。由家及国,大小有序,使其民无不入乎其中,而受学焉。而其所以教之之具,……使其明诸心,修诸身,行于父子、兄弟、夫妇、朋友之间,而推之以达乎君臣、上下、人民、事物之际,必无不尽其分焉者……此先王学校之官,所以为政事之本,道德之归,而不可以一日废焉者。"[2]先王设学校教民,因赋开导,使其明心修身,行于父子、兄弟、夫妇之间,而推之君臣、人民。"古之君子以是行之其身,而推之以教其子弟,莫不由此。此其风俗所以淳厚,而德业所以崇高也。"[3]朱熹要培养什么样的人呢?一方面,朱熹认为每个人都要受教育,"自天子至于庶人,无一人之不学"。[4]只有人人受教育,才能使"天下国家所以治日常多,而乱日常少也"。[5]另一方面,通过教育,使人去其气质之偏,物欲之蔽,而恢复其天命之性,做到尽人伦,培养成为有学问的"忠孝"之人:"学校之设,所以教天下之人为忠为孝也。"[6]

(三)"事"与"理"分段教育

朱熹特别强调推行"小学"和"大学"分段教育。"小学"是相对于"大学"而言的。"大学"一词在古代有两层意思:博学,大人之学。朱熹以"小学教之以事,大学教之以理"的"事"与"理"分段教育理念。明代邱濬说:"所谓教之以事,如礼乐射御书数及孝弟忠信之类;教之以理,如格物致知所以为忠信孝弟者。"[7]"小学"主要是学习具体的仪节条文,"大学"则上升到"理"和"道"的层面,以理、道为讲学的内容。朱熹指出:"古者初年入小学,只是教之以事,如礼乐射御书数及孝弟忠信之事。自十六七八入大学,然后教之以理,如致知、格物及所以为忠信孝悌者。"[8]在朱熹看来,"小学"主要是讲学涵养的工夫,其所要达到的目的是收敛人的身心,使其首先从气质上变得谦虚顺服,即"古人设教,自洒扫、应对、进退之节,礼、乐、射、御、书、数、之文,必皆使之抑心下首以从事于其间而不敢忽,然后可以消磨其飞扬倔强之气,而为入德之阶"[9],"不习之于小学,则无以收其放心,养其德性,而为大学

---

[1]《朱文公文集》卷七十五,《中庸章句序》。
[2]《朱文公文集》卷七十八,《静江府学记》。
[3]《朱文公文集》卷七十四,《补试榜谕》。
[4]《经筵讲义》(文集)卷十五。
[5]《经筵讲义》(文集)卷十五。
[6]《朱子语类》卷一〇九。
[7]邱濬:《大学衍义补》卷七〇,《设学校以立教》。
[8]《语类》卷七,《朱子全书》第十四册.上海:上海古籍出版社,2002:268.
[9]《答孙仁甫》,《文集》卷六十三.上海:上海古籍出版社,2002:3069.

之基本。"[1]朱熹认为,经历了小学之讲学,人就初具有圣贤的基础;然后进入"大学教之以理"阶段,在大学经过格物致知,具有圣贤品格,德业崇高,亦即"古者小学已自养得小儿子这里定,已自是圣贤坯璞了,但未有圣贤许多知见。及其长也,令入大学,使之格物、致知,长许多知见"[2],"大人之学,穷理、修身、齐家、治国、平天下之道是也。"[3]"予谓五经与五伦,相表里者也。伦于何明?君臣之宜直、宜讽、宜进、宜止,不宜自辱也;父子之宜养、宜愉、宜谏,不宜责善也;兄弟之宜怡、宜恭,不宜相犹也;夫妇之宜雍、宜肃,不宜交谪也;朋友之宜切、宜偲,不宜以数而取疏也。明此者,其必由经学乎!洁净精微取诸《易》,疏通知远取诸《书》,温厚和平取诸《诗》,恭俭庄敬取诸《礼》,比事属辞取诸《春秋》。圣经贤传,垂训千条万绪,皆所以启钥性灵,开汇原本,为纲纪人伦之具,而弦诵其小也。"[4]

(四)"明义理以修其身"

在官方推动下,学校教育进一步发展。官方在各类学校尊理学,强调"明义理以修其身",并通过实施科举制度,教育、引导和影响民众。各类教育机构普遍开设了《论语》《春秋》《孟子》《诗经》《尚书》《礼记》《周易》和《孝经》等必修课程。

明清时期,朱子理学在徽州并被发展为内容更广、时间更久、规模更大和力度更强的传播传承的一个主要时期。这一时期,朱子理学在徽州成为文化的主流;也是在这一时期,朱子理学从书本、书斋走出,并逐步本土化,融入徽州的社会日常生活。这样,中华传统文化在徽州的主体地位得到进一步确立,徽州出现了光大发展朱子理学的热潮。

二、教育机构

朱子理学之所以能在徽州传播、推广与扎根,是因为以有形的各类教育为依托。朱熹在教育实践中,创立了各类教育的规制和精神,建立教育传统亦是朱熹本人平生最大的贡献之一。学校教育包括乡间私塾、村塾、社学与书院教育等,明清时期在徽州社会已经普及,且学校、书院等教育机构的教育制度完备。

(一)机构众多

徽州人以重视教育而盛名遐迩。明清时期,官方建有学校、书院等教育机构众多,据统计,明嘉靖时期徽州即有社学462所;明清两代徽州建有书院64座。成书于明代的《新安名族志》,就收录了其时存在的很多书院:"紫阳书院、月有书院、犟阳书院、翠岩书院、福山书院、东野书院、翰林书院、柳溪书院、明经书院、新溪书院、师山书院、桂岩书院、槐溪书院、万

---

[1]《大学或问》,《四书或问》,《朱子全书》第六册,第505页。
[2]《语类》卷七《朱子全书》第十四册,第268页。
[3] 朱熹:《经筵讲义》。
[4] 陈昭瑛.《台湾儒学:起源、发展与转化》[M].中国台北:台大出版社,2008:20-21.

春书院、屯山书院、剑潭书院、梓源书院、青山书院、明道书院、晦菴书院"[1]等等。

此外,后有梧冈书院、斗山书院、南湖书院、竹山书院、碧阳书院、还古书院、东山书院等。至明清时期前后近300所。以上徽州的书院,以歙县的紫阳书院尤为著名。

(二)理学中心

徽州的学校、书院等教育机构,有官办、族办和私办之分,基本上都是教授儒家经典。如书院,主体分官办如紫阳书院、族办如胡氏明经书院和个人办如名儒汪莘的柳溪书院三类。因其教育属性,一开始就是传播徽州文化和衍生家风文化的基地。徽州的书院,一直扎根徽州大地,以文化人,重视引经据典、义利之辨、诗文唱和与化民成俗,融教学研及其生活化于一体,是名副其实的朱子理学传承发展中心。徽州的这种教育环境,孕育了程大昌、朱升、程敏政、汪道昆、渐江、戴震、程瑶田、王茂荫、许承尧等一代名臣、名儒、名流和艺术家。

最难能可贵的是,大儒朱熹本人,曾因祭祀祖墓而三归故里,次次升堂讲学,远近学子趋之若鹜。散布于徽州一府六县的朱熹的12位徽籍知名弟子,如程询、汪莘、滕璘、祝穆、滕琪、汪清卿、李季札、许文蔚、吴昶、程先、谢琎、程永奇等,尊朱(朱熹)讲理(理学),研学举业,众多士子因之蟾宫折桂,传为佳话。据统计,明清时期徽州中举人者2636人,中进士者960人,名列全国前茅。书院教育及徽州历代先贤们的深耕实践,促进了徽州教育和文风、学风、家风的昌盛。

(三)商助族办

明清时期,资本主义经济发展迅速。徽商兴起后,不仅长期执商界之牛耳,而且商儒一体,热心资助教育,

徽州休宁状元坊——"中国第一状元县"休宁县衙遗址(王天阳 摄)

---

[1]戴廷明、程尚宽.新安名族志[M].合肥:黄山书社,2004:16-17.

079

兴巨资办学，正所谓一人致富，惠及全族。休宁还古书院于明天启六年（1626）被禁毁，两年后即崇祯元年（1628）便由徽商斥资重建。清乾嘉年间的紫阳书院，徽商捐银7万余两。嘉庆十六年（1811）因修复黟县碧阳书院，徽商捐银9万余两，修复工程结束尚余银6万余两，后典存生息兴学。正是有了徽商的资助，徽州社会办学经费充足，徽州教育因此鼎盛。

徽商如此，徽州的宗族在资助办学上毫不逊色。清代黟县西递胡氏，后裔胡贯三，幼年勤学苦读功成名就后，斥资兴建歙县紫阳书院、黟县碧阳书院。慷慨解囊、好为公益的宗族，数百年清誉不衰，其后代也因能秉承先祖遗风而昌盛兴旺。

三、家庭教育

家庭教育是社会教育的基础。徽州人极重家庭教育，家教传统源远流长。家庭教育作为传统的教育融合补充，成为明清时期徽州社会家风文化传承发展的基础。

（一）严于律己，言传身教

言传身教是家庭教育的普遍形式。严于律己，言传身教即修身正己，晓之以理，导之以行。朱子同时还是言传身教的典范。在言行养成上，朱熹主张谨遵祖训，学其事，格物致知，《朱子家训》："黎明即起，洒扫庭除，要内外整洁，既昏便息，关锁门户，必亲自检点。一粥一饭，当思来处不易；半丝半缕，恒念物力维艰。宜未雨而绸缪，毋临渴而掘井"，是最好的例证。

明代歙人郑元杰进士及第，一生清正廉明，光明磊落，临终前告诫子孙："吾祖诫吾'学必成名，官必清正'，而今吾可见吾祖于地下也。"徽州名贤、方志学家许承尧乃歙县许氏家族后裔，其祖父许恭寿为蒙学塾师，在全家因灾几死之境仍念言传身教，时人赞曰：许君"恤贫乏，卫寡稚，自其素性，曾不待强。管祠事近二十年，裁省摩冗，建敬宗小学、端本女学以教族子女。"[1]

（二）端蒙养，爱敬随

徽州人的传统观念中，正根基，勿放纵，须从蒙养教育抓起。所谓"子弟在妙龄时，嗜欲未开，聪明方起。譬之出土之苗，含华结果，全赖此时栽培。灌溉得宜，以资发荣"。[2]在此基础上，以长幼有序。绩溪胡氏宗族教导族中后人"为卑幼者，当执弟娃之礼，言责让，行则随，毋斗殴相争，毋凌卑压幼"。[3]因为"但观一族子弟皆好，即决其族之必兴"。[4]在徽州，祠堂是宗法伦理精神的象征，亦是蒙养教化的场所，徽州宗祠设有塾学，分为家塾和族塾两

---

[1] 马其昶. 抱润轩文集. 续修四库全书[M]. 上海：上海古籍出版社，2000：726-727.
[2] （清）绩溪西关章氏族谱[Z]. 师说. 清宣统刊本.
[3] （清）胡学先等. 荆川明经胡氏续修宗谱[Z]. 祖训卜份条. 清光绪十年刻本.
[4] 绩溪东关冯氏家谱[Z]. 清光绪二十三年木活字本.

个等级。"祁门《韩楚二溪汪氏家乘》就记载了家塾即小学堂,以8至11岁的族内子弟为对象,学制3年;族塾为正学,入学年龄为11岁,男女皆可,学制5年。"[1]无论家塾还是族塾,女学亦宜并重,教授内容为:"明礼教以正性情,习书数以理家事,以及手工、缝纫、饲以堪为贤妇贤母之资。"[2]

端蒙养,正根基,而后"爱""敬"随行。徽州人在与人相处上,无论是族人远客还是邻里乡亲,均尊以"爱""敬"随行。清人歙县黄氏后裔黄玄豹在《潭渡孝里黄氏族谱》家训篇曰:"子孙为学,须以孝悌礼义为本,毋偏习词章,此实守家第一要事,不可不慎。"[3]这样的"爱""敬"双向互动尊重,才能和睦信义。

徽州歙县"县学甲第坊",建于清乾隆年间,为县学门坊。设四柱三间五楼,宽约5.5米,高约6米。正面楼匾上刻"甲第"二字,额仿上刻"状元""会元""解元"字样;背面楼匾上刻"科名"二字,额杭上刻"榜眼""探花""传胪"字样。每块额枋空档处镌有历代歙县中试者姓名。(王宁 摄)

---

[1] 戴畅. 徽州祠堂与宗族文化传播研究[D]. 西北大学,2015: 26.
[2] 戴畅. 徽州祠堂与宗族文化传播研究[D]. 西北大学,2015: 26.
[3] (清)黄玄豹等. 潭渡孝里黄氏族谱:家训[Z]. 清雍正九年刻本.

（三）农商皆重，勤俭治生

明清时期，徽州社会经济繁荣，其背后是宗族、家族和家庭"农商皆重"教育观念的支撑。徽商及商品经济的发展，徽州人传统上的农商等级观念受到冲击，代之以"九流百工，皆治生之业"的新理念。所以，《新安磺上程氏宗谱·家禁》云："士农工商皆为本业……士农工商，各有其义。"[1]这里，农商同等，无等级之别。农商皆重，为徽州子弟兴农或经商支起了广阔的天空。

在徽州，勤俭治生是家庭教育中的一种通识教育。正如王昌宜在《明清徽州宗族教育研究》一文所述，明清时期，徽州宗族普遍要求子弟勤俭治生，许多宗族还于家规中特设"勤生业"或"事节俭"条，来加强训诫。因为勤可创造财富，俭可节约支出，在封建社会生产力尚不发达的情况下，勤俭美德对创家立业的意义尤非寻常。徽州宗族对此有着深刻的认识。正如《旌阳罗湾姚氏宗谱·家规》"勤生业"条教导子弟："士农工商，各勤其生……民生在勤，勤则不匮"；其"事俭朴"条云："俭为人生美德，故人之屋宇服饰器用等项，务从俭朴。"[2]

勤俭治生，这样的家庭教育，既培养了徽州人自强不息的品性，也是明清时期徽州社会富甲一方的归因。

---

[1] 新安磺上程氏宗谱：家业第八[Z]. 清光绪二十年木活字本。
[2] 转引自王昌宜. 明清徽州的职业教育[J]. 安徽大学学报（哲学社会科学版）. 2006（1）：113-118.

第五章　徽州社会家风文化价值体系与民间日用

前文已述,"家风文化",一是特指明清时期以徽州家风表现为核心而形成的非物质文化的总和,具体指徽州社会家庭或家族或宗族的,弘扬中华传统文化,满足合社会期待,符合时代精神,备受大众推崇的良好风尚的集合体——在乡约、族谱、家典、家规、家训、家书、诗文等以语言形式呈现,体现成员一以贯之的态度或姿态——修身、齐家、治国、平天下的精神风貌、道德情操、审美观念等;二是特指明清时期以徽州"家风"实践为核心而形成物质文化的总和,具体指徽州社会家庭或家族或宗族等祖祖辈辈身体力行、共同创造的载体——通过实物的宗谱(家规、家法)、建筑、祠堂、牌坊、书院、社学和各种家塾、村塾、义塾以及乡约、仪节、戏曲等,以物质形态呈现。徽州社会的家风文化,涵盖国家层面、社会层面、家庭层面和个人层面的精神表达、实践品格等四维内容。本章以《茗洲吴氏家典·家规八十条》呈现的吴氏宗族家风为例,论述徽州社会家风文化的价值体系与日常呈现。

第一节　徽州社会家风文化的观念体系

徽州社会的家风文化观念体系,可从《茗洲吴氏家典·家规八十条》呈现的吴氏宗族家风的微观风景入手,来反映宏观层面的涵盖国家层面、社会层面、家庭层面和个人层面的精神表达的家风文化的普遍景象。"古代王朝治理,基本上是小政府大社会,行政机构从上而下只设到县一级,县以下的集镇乡村,实际上是士绅与民众自治。以世家大族为核心的族权,带有浓厚的地方基层政权的色彩,往往家法大于国法。这一社会现象,在徽州地区最为普遍,是儒家文化尤其是朱子理学直接影响所致,宗法伦理的讲礼制、崇祖祭,长盛不衰。"[1]从实际情况看,明清时期官方对基层社会是通过诸如保甲制度和乡约组织建立起管理管治

---

[1](清)吴翟. 茗洲吴氏家典[M]. 合肥:黄山书社,2006:24-25.(考虑到读者的整体把握,将《茗洲吴氏家典》之家规八十条作附件于文后。)

关系,干涉较少,以宗族为表征的徽州社会,各宗族有一定的自治空间,这是家典(家规)实施和扩大影响的基础。

《茗洲吴氏家典》的作者吴翟,字青宇,号介石,清徽州府休宁县虞芮乡茗洲村人。《道光休宁县志》记载,翟为雍正二年府学岁贡生。尝主紫阳讲席,为饱学之士[1]。"据传,吴氏始祖为泰伯,为周部落首领古公亶父之长子。西汉初年,长沙王吴芮的三子便顼侯吴浅,食一千石,析居新安,新安之吴始于此。吴氏后人吴荣七('七'是兄弟间排行)于13世纪末迁至茗洲(位于休宁县西,今属流口镇管辖),成为了茗洲吴氏的始迁祖。因而,吴荣七这一支,在元代初年便开始扎根茗洲村,繁衍生息。"[2]《茗洲吴氏家典》共八卷:第一卷为《家规八十条》[3],自第二卷到第八卷,为吴氏宗族规章与仪礼及程式的要求和说明。

《茗洲吴氏家典》是一部宗族规章与仪礼的书。其卷一《家规八十条》所体现的吴氏宗族家风,贯穿着儒家核心价值观,有积极的部分,也有一些消极的内容。

一、国家层面:爱国忠君,治国安邦

《家规八十条》规定族人应及时"输纳朝廷国课","毋作顽民",应"忠于朝廷","效力朝廷","为良臣,为忠臣",发"圣贤理奥",勿"轻冒刑宪",就是必须做到"爱国忠君""治国安邦"。"爱国忠君""治国安邦"成为家风是"三纲五常"观念渗透到家规的结果。"三纲五常"的源头在孔子,再由西汉的董仲舒正式提出,经朱熹发展为"三纲五常"思想,后被官方上升为国家意识形态。由此,"三纲五常"成为中国古代宗法社会最基本的伦理关系的准则和建设一个有序社会的工具,"爱国忠君""治国安邦"也成为徽州宗族的家风。其实,"三纲五常"应为两个概念。"三纲"即君为臣纲、父为子纲、夫为妻纲。君为臣纲是三纲中的首纲,规定臣向君尽忠,在封建社会里,尽忠就等于爱国。爱国忠君、治国安邦是自王公大臣到普通老百姓的首要道德标准。

"爱国忠君、治国安邦"是家风内容在国家层面的风尚。吴氏宗族《家规八十条》中有四条家规规定宗族人必须在爱国忠君、治国安邦上展现作为。《家规八十条》第九条规定:"朝廷国课,小民输纳,分所当然。凡众户己户,每年正供杂项,当预为筹画,及时上官,毋作顽民,致取追乎,亦不得故意拖延,希冀朝廷蠲免意外之恩。"[4]《家规八十条》第三十三、三十四条规定:"举业发圣贤之理奥为进身之阶梯。须多读经书,师友讲究,储为有用,不得

---

[1](清)吴翟. 茗洲吴氏家典[M]. 合肥: 黄山书社, 2006: 1–2.
[2] 刘巍. 徽州宗族的家规研究[J]. 赤峰学院学报(汉文哲学社会科学版). 2011(7): 98–101.
[3](清)吴翟. 茗洲吴氏家典[M]. 合肥: 黄山书社, 2006: 17–25.
[4](清)吴翟. 茗洲吴氏家典[M]. 合肥: 黄山书社, 2006: 17–25.

冒名、鲜实，不得纷心诗词及务杂技，令本业荒芜。子孙有发达登仕籍者，须体祖宗培植之意，效力朝廷，为良臣，为忠臣，身后配享先祖之祭。有以贪墨闻者，于谱上削除其名。"[1]第二十四条规定："子孙不得从事交结，以保助闾里为名。而恣行以意，遂致轻冒刑宪，隳坏家法。"[2]

"三纲五常"的爱国忠君、治国安邦思想之所以渗透到吴氏家规，原因在于徽州人尊崇朱子理学。"三纲五常"是朱子理学的核心内容，当然更是朱熹《家礼》的核心内容。《茗洲吴氏家典》效仿的是朱熹的《家礼》，正如《茗洲吴氏家典》中《家规八十条》的第一条[3]就明确："立祠堂一所，以奉先世神主。出入必告，至正朔望，必参俗节，必存时物，四时祭祀，其仪式并遵文公《家礼》。"[4]之所以用"'家典'而非用'家礼'，是为避免与朱熹的《家礼》同名，侧重于君臣父子夫妇之伦，而非亲疏贵贱之仪。同时，'家典'因'家礼'而立，'家礼'实质上为'家典'的核心内容。典非礼不立，礼即行乎典之中，故三纲五常，为礼之大体，有因无革。"[5]

朱熹论证了"三纲五常"的合理性。他从心性到理欲、义利出发，强调爱国忠君、治国安邦等教化内容，建构完整的伦理道德体系。一方面，作为封建社会的茗洲吴氏宗族的家规，必然以此为准则。其实也不仅仅是《茗洲吴氏家典》中的家规，徽州的各类宗谱、族规、家法、乡约等，均奉此为圭臬，茗洲吴氏家族的家规只是明清时期整个徽州家规家法的代表；另一方面，徽州宗族是封建社会链接国家与宗族之间的基层组织，宗族缘于执行封建礼法，维护封建秩序，执着国家情怀，希望爱国忠君、治国安邦延及子孙后代，增强家族凝聚力，以维护徽州社会的稳定与徽州宗族的繁荣，同时这也是维系宗法制度的重要举措，因为族规、家法、乡规、民约等已经渐进地成为封建国家法律体系的组成部分。

实际上，徽州家法族规关于爱国忠君、治国安邦等的规定，在明清那个时代取得了徽州人希望的效果。"徽州藉仕宦者当中，产生了许多忠臣。因此，一方面在徽州的地方志和谱牒中，忠臣传占了很大篇幅；另一方面在徽州地区的牌坊中，'恩荣'坊占了很大比例。沧海桑田，现在保留下来的牌坊已经不多了。但是，许国的'大学士'坊，鲍尚贤的'工部尚书坊'，胡富、胡宗宪的'奕世尚书'坊，胡文光的'荆藩首相'坊等等，依然矗立在徽州城乡各地。"[6]

---

[1]（清）吴翟. 茗洲吴氏家典[M]. 合肥：黄山书社，2006：17-25.
[2]（清）吴翟. 茗洲吴氏家典[M]. 合肥：黄山书社，2006：17-25.
[3] 家规八十条序号，按照《茗洲吴氏家典》原本顺序排列，以下同.
[4]（清）吴翟. 茗洲吴氏家典[M]. 合肥：黄山书社，2006：12-13.
[5]（清）吴翟. 茗洲吴氏家典[M]. 合肥：黄山书社，2006：12-13.
[6] 程李英. 论明清徽州的家法族规[D]. 安徽大学，2007.

徽州歙县许国牌坊[1]（彭林、王天阳 摄）

绩溪龙川——奕世尚书坊。奕世尚书坊，位于绩溪县龙川村。此牌坊建于明嘉靖四十一年（1562）。主体结构由4根柱、4根定盘枋和7根额枋组成，高10米，宽9米。系用花岗石和茶园石搭配凿制而成。牌坊的整体结构采用侧脚做法，向内收敛，四大柱子抹去棱角；上花板刻着"成化戊戌科进士户部尚书胡富嘉靖戊戌科进士兵部尚书胡宗宪"字样；下花板刻有立坊者官职、官衔、姓名及年代。主楼正中装置竖式"恩荣"匾，其四周盘以浮雕双龙戏珠纹。下方花板南北两面，分别镌书"奕世尚书"和"奕世宫保"，为书法大家文徵明手书。（郑强 摄）

---

[1] 许国石坊建于明万历十二年（1584）。许国因云南平逆"决策有功"，晋少保，封武英殿大学士，成了仅次于首辅的次辅，乃建坊。该坊是一座全部采用青色巨石仿木构造建筑的石牌坊，因其有8根粗达半米见方的巨石顶天立地，故俗称"八脚牌坊"。

二、社会层面：尽礼尊长，和睦乡里

明太祖朱元璋建立明朝以后，立即着手整顿社会动荡后的秩序，重建纲纪法度，重典治吏："建国之初，当先振纲纪，元氏昏乱，纲纪不立，主荒臣专，威福下移，由是法度不行，人心涣散，遂改天下骚乱。今将相大臣辅相于我，当鉴其实，宜协心为治，以成功业，毋苟且因循，取充位而已。又曰：礼法国之纲纪，礼法立，则人志定，上下安，建国之初，此为先务。夫元氏之有天下，固有世祖之雄武，而其亡也，由委任权臣，上下蒙蔽故也。"[1]

明太祖朱元璋还亲自发布"圣谕六言"。"圣谕六言"侧重于社会层面"尽礼尊长，和睦乡里"要求与规范。"圣谕六言"的具体内容，编修于崇祯四年（1631）的《休宁叶氏族谱》有记载："我太祖高皇帝开辟大明天下，为万代圣里，首揭六言，以谕天下万世，第一句是孝顺父母，第二句是尊敬长上，第三句是和睦乡里，第四句是教训子孙，第五句是各安生理，第六句是毋作非为。语不烦而该，意不刻而精，大哉王言，举修身齐家治国平天下之道，悉统于此。"[2]将"大哉王言""悉统于此"入族谱、家规等，是其时徽州宗族的普遍做法。明代《休宁范氏族谱九卷》卷之《宗规》云："圣谕当遵：孝顺父母，尊敬长上，和睦乡里，教训子孙，各安生理，毋作非为。凡为忠臣，为孝子，为显孙，为圣世良民，皆有此出，无论贤愚，皆晓此义。"[3]《家规八十条》之三十九条规定："家道贫富不等，诸妇服饰，但务整洁，即富厚之家，亦不得过事奢靡。"第五十二、五十五、五十九条规定"子弟加冠""时俗之习""丧礼多惑"等，均"悉遵文公《家礼》"。尤其是第六十条规定"子孙临丧，当务尽礼，不得惑于阴阳，非礼拘忌"，目的就是"以乖大义"。这些家规，既与封建纲纪法度一脉相承，又将尽礼尊长融入各种仪节和族人的衣食住行。

清代与明代一样。清政府加强中央集权，强宗法，立制度。"国朝初年，因明之旧，康熙九年，特颁上谕十六条，第一条敦孝伟以重人伦，二条笃宗族以昭雍睦，三条和乡党以息争讼，四条重农桑以足衣食，五条尚节俭以惜材用，六条隆学校以端士习，七条默异端以崇正学，八条讲法律以儆愚顽，九条明礼让以厚风俗，十条务本业以定民志，十一条训子弟以禁非为，十二条息诬告以全善良，十三条诫匿逃以免株连，十四条完钱粮以省催科，十五条联保甲以弹盗贼，十六条解仇忿以重身命。浙抚陈秉直注释《直解》一书，奉旨颁行。雍正二年，增颁《乡约法律》二十一条。乾隆十九年，知县较陈锡奉府太守何达善，札令坊乡村镇，慎举绅士、耆老足以典型闾里者一二人为约正，优礼宴待，颁发规条，令勤宣化导，立彰善、瘅恶薄，

---

[1]（明）杨士奇.明太祖实录.北京：中华书局.1983：176.
[2] 王鹤鸣.中国家谱通论[M].上海：上海古籍出版社，2010：149.
[3]（明）范涞：《休宁范氏族谱九卷》卷之《宗规》，明万历23年刻本，上海图书馆藏。

歙县北岸古廊桥，桥柱上书着一副对联"三让垂后世，六合衍昇平"，含儒家谦谦君子、和睦处世之意。（王天阳 摄）

伴民知所劝惩。"[1]徽州宗族积极践行，助力官府维持徽州宗族和乡村社会秩序。《茗洲吴氏家典》编撰于清代。改朝换代了，《家规八十条》显然没有必要引用"圣谕六言"，但其社会层面的"尽礼尊长，和睦乡里"要求与规范，显然与"圣谕六言"主旨一致。宗法制度而推行"尽礼尊长，和睦乡里"是要求与规范，也是吴氏宗族树立的风尚。《家规八十条》中，第三条到第八条，第十条到第十二条，第十四条到第二十五条，第二十八条到三十一条，均属于此类，内容涉列重祭、尽礼、尊长、奉上、爱幼、友邻、禁赌、典卖、经商、助人、理财、进退等等，如第三条"当于冬至，立春两祭，立宗奉祀，其余各支高曾祖考，四时至祭，因事有告，则各以其小宗主之"，第五条"子孙入祠堂，当正衣冠，如祖考在上，不得嬉笑亵越"，第十一条"贫困将产业典卖，此是万不得已，凡受产之家，须估时值如数清缴，不许货物抬算，并不许旧逋准折，此祖数百年遗训，违者天必诛之"，第十四、十五条、十六条"勿使游手好闲，致生祸患；族内贫穷孤寡，实堪怜悯，而祠贮绵薄，不能赒恤，赖族彦维左，输租四百，当依条议，每岁一给，顾仁孝之念，人所同具，或贾有余财，或禄有余资，尚祈量力多寡输入，俾族众尽沾嘉惠，以成矩观；子孙赌博无赖，及一应违于礼法之事，其家长训悔之。悔之不悛，则痛箠之，又不

---

[1]乾隆《绩溪县志》卷三《学校志·乡学附乡约》。

俊,则陈于官而放绝之,仍告于祠堂,于祭祀除其胙,于宗谱消其名,能改则复之",第二十一、二十二、二十三、二十五条"卑幼不得抵抗尊长,其有出言不逊、制行悖戾者,姑诲之,诲之不俊,则众叱之;子孙受长上诃责,不输是非,但当俯首默受,无得分理;子孙固当竭立以奉长上,为长上者亦不可挟此自尊,攘拳奋袂,忿言秽语,使人无所容身,甚非教养之道,若非有过,法言巽言开导之;子孙毋习吏胥,毋为僧道,毋狎屠坚,以坏乱心术,当时以仁义二字铭心镂骨。庶或有成",第三十八条"嫌疑之际,不可不慎,非丧非祭,男妇不得通言,卑幼之于尊长。有事禀白,宜于厅事,亦不得辄人内房",第六十一至六十五条关于丧事"不得用乐饮酒食肉",必须"众当哭临至戚七日,卑幼揖之",不得"自处不义、陷人于恶"等等处世良规、善行善法与邻里守望的和睦良习。

三、家庭层面：崇文重教，父慈子孝

徽州有崇文重教的传统。从徽州文化的起源看,其文化就是一种移民文化,"首先是表现在徽州的社会、人口、文化的本身就是由移民而形成,由此决定了其社会与文化的诸多现象和特点都受移民问题决定、影响。其次是徽州文化的昌盛与发展,本身还存在着一个由徽州本土再向外移民的问题,并对侨寓地的文化产生影响。如徽派朴学、徽剧、徽州园林艺术、建筑艺术、徽派刻书、徽派篆刻、徽菜等对扬州学派、京剧、江南园林、中国版画、篆刻、菜系都有渗透和影响。研究徽州文化,可以获得中华大文化融合各民族文化、各地方文化的一般与个别规律,为繁荣中华大文化作出贡献。"[1]具有深厚传统文化渊源的中原人移民徽州拓荒与繁衍,同时保持着原有的崇文重教传统。道光《休宁县志》云:"自井邑田野,以至远山深谷,居民之处,莫不有学、有师、有书史之藏。其学所本,则一以郡先师朱子为归。凡六经专注、诸子百氏之书,非经朱子论定者,父兄不以为教,子弟不以为学也。是以朱子之学虽行天下,而讲之熟、说之详、守之固,则惟新安之士为然。"明清时期的徽州社会,可谓十户之村,无废诵读,读书蔚然成风。徽州宗族、家族和家庭以崇文重教为荣耀,这也是徽州人图谋大志、实现个人梦想的蹊径。

茗洲吴氏《家规八十条》之第十三条规定:"族中有子弟有器宇不凡,资禀聪慧而无力从师者,当收而教之,或附之家塾,或助以膏火,培植得一个两个好人,作将来模楷,此是族党之望,实祖宗之光,其关系不小。"第二十六、二十七、五十三条明确:"延迎礼法之士,庶几有所观感,有所兴起,其于学问资益非小,若呓词幻学之流,当稍款之,复逊辞以谢绝之。""子孙自六岁入小学,十岁出就外傅,十五岁加冠入大学,当聘致明师训饬,必以孝悌忠信为主,期底于道,若资性愚蒙。业无所就,令习治生理财。""子弟已冠而习学者,须沉潜好学,务令所习精进,有日异而月不同之趣。若因循怠惰,幼志不除,则去其帽如未冠时,通则复之。"

---

[1] 罗丽萍.徽州学研究的学术价值[J].黄山学院学报.2007(2):19.

徽州歙县许村——双寿承恩坊,明隆庆年间(1567—1572)朝廷专为歙县许村一对双双活到百岁长寿的夫妇而建造。(王天阳 摄)

这些家规,对为什么培养子弟、培养什么样的子弟以及如何培养子弟,有着那个时代系统的成熟的思考,将崇文重教落到实处,同时这些家规本身也是对包括子弟在内的族人的一种教育。

"父慈子孝"之"父",显然指父母;"父慈子孝"之"子",当然包括"子女"。父母慈爱、子女孝顺是中华民族的传统美德,亦中国儒家传统文化的核心。"父""子"是一对家庭地位不能对等但相互促进的关系,"慈""孝"是对应的一组宗法伦理关系,亦是为人处世的方法,可以说,"父慈子孝"是中国社会,更是崇文重教的徽州社会维系家庭、兴旺家族关系的主要伦理与方法的模式。

"慈"不是溺爱,而是绳之以礼。茗洲吴氏《家规八十条》之第三十五条规定:"先祖遗书、荒乱后尽已丧失,所存《瑞谷穀文集》共计若干篇,计板若干片,贮之祠内,责令司年不时查考、毋致失落。"第三十七条强调:"媟言无耻及干预阃外事者,众共叱之。"第四十条提醒:"主母之尊,欲使一家悦服,切不可屏出正室,宠异侧室,为之以乱尊卑。"第五十八条警示:"男女聘定仪物,虽贫富不同,然富者亦自有品节限制,用色缯多不踰十。或仪代、或花、或果饼钗钏之类,亦随时不得过侈,其贫者量力而行,至遗女粧奁,富者不得过费,以长骄奢,贫者则荆钗裙布可也。"第六十六条明确:"吾家立春之祭,其正享配享,皆效仿郑氏《家规》审慎斟酌而后定,非一人创见,亦非一时私意为之,后人当谨守而毋忽焉。"第六十七条引领:"立春祭后一日,以祖考贤良作宰,用设敬老育贤之席,以夫人贞节起家,用颁于族之嬬妇。褒既往,劝将来,寓意甚深,后人当世守之。"以上这些"慈",是贤人律己,慈仁训导,宽严相济,关怀砥砺。

"孝"乃恭敬、敬重和仁爱。茗洲吴氏《家规八十条》之第三十六、四十一条"妇人必须安详恭敬,奉舅姑以孝,事丈夫以礼,待娣姒以和,无故不出中门,夜行以烛,无烛则止,如其淫狎,即宜屏放。若有妒忌长舌者,姑诲之,诲之不悛、则出之""诸妇之于母家二亲存者,礼得归宁,无者不许"是"妇人妇道"之孝;第六十八条"时祭之外,不得妄祀徼福,凡遇忌辰,孝子当用素衣致祭,不作佛事,象钱寓马,亦并绝之,是日不得饮酒食肉听乐,夜则出宿于外",第六十九条"各支高曾祖考,时祭当遵礼于四仲月举行,务在各致追远之诚,至馔之丰约,称力而设,不能拘也",第七十条"季秋祭祢,感成物之始而报本也。竭力尽诚,是在孝子",第七十一条"忌日之祭,只祭考妣,只设一位,实得礼意,不必援及高曾。但高曾时祭,务须及时举行,不得怠缓",第七十二条"各支高曾祖考,义当奉祀。高祖而上,亲尽则祧,当遵礼永守无背",第七十三条"枝下升庙,须遵式制,木主不得考妣并椟,不得单用白主,以作神羞",第七十四条"祠堂祭毕,燕胙照昭穆次序坐定,司年家于尊长前奉爵斟酒以致敬。如尊长未到,卑幼不得先坐,或尊长已坐,其次尊长有事后到,弟侄辈皆起立,不得箕踞不顾,致乖长幼之序",第七十五条"岁暮祀灶,各家具牲醴迎神,祭于厅事",第七十六条"五土五谷之神,春秋社日率族众致祭,祭毕饮社酒,先令子弟宣扬劝惩训辞,然后就席,不得免冠露体,不得长幼无序"是子孙祭祀仪礼之"孝"。孝是一切道德的根本,品行的教化都是由孝行派生出来的。因此,抽象的"孝"在这里转化为具体的"德",正所谓"身体发肤,受之父母,不敢毁伤,孝之始也,扬名后世,以显父母,孝之终也"。伦理道德、宗族秩序和日常生活一体,违者惩诫,可见,徽州社会的家风来自自觉实践的千锤百炼。

四、个人层面:诚意正心,尚德尚勤

《礼记·大学》曰:"欲修其身者,先正其心;欲正其心者,先诚其意;欲诚其意者,先致其知;致知在格物。"茗洲吴氏《家规八十条》几乎有三分之一的条款规范个人层面的修身,在这些条款的传承发展中,形成了"诚意正心,尚德尚勤"的家风。

"诚意正心,尚德尚勤"的个人层面的修身规范,在茗洲吴氏《家规八十条》中体现在三个方面:

一是教导族人尚德尚勤。《家规八十条》之第二条"祠堂之所以报本。子孙当严洒扫扃钥之事",规定的是族人与子孙敬祠与护祠;第三十二条"棋枰,双陆,辞曲,虫鸟之类,皆足以蛊心惑志。废事败家,子孙当一切弃绝之",规定的是族人及子孙勿玩物丧志;第五十一条的"子弟年十五以上,许行冠礼,须能诵习讲解,醇谨有度者方可行之,否则选之。弟若先能,则先冠以愧之",第七十八条的"族讲定于四仲月择日行之,先释菜,后开讲,族之长幼俱宜赴祠肃听,不得喧哗。其塾讲有实心正学,则于朔望日,二三同志虚心商兑体验,庶有实得",第七十九条的"先圣释菜礼除族讲外,凡童子人塾首春,塾师开馆及仕进皆行之,不得怠忽",规定的是族人及子孙尊礼修身,实心正学。

二是教导族人"妇人""尚德"。《家规八十条》之第四十二条"妇人亲族有为僧道者,不许往来",第四十三条"少母但可受自己子妇跪拜,其余子弟,不过长揖,诸妇并同",第四十四条"内外最宜严肃,男仆奉主人呼唤人内,供役事毕即退,见灯不许入内室,娴家僮僕至,除传视问安外,妇人不许接谈",第四十五条"女子小人,最能翻斗是非,若非高明,鲜有不遭其声謷者,切不可纵其往来,一或不察,为祸不浅",第四十六条"三姑六婆概不许人门,其有妇女妄听邪说,引人内室者,罪其家长",第四十七条"妇女宜恪守家规,一切看牌嬉戏之具,宜严禁之,违者罪家长",第四十八条"侧室称呼及一应行坐之礼,不得与正室并",第五十四条"女子年及笄者,母为选宾行礼",第五十七条"新妇人门合卺,本家须烦持重者襄礼,照所定仪节举行,一切亲疏长幼,不得效恶。俗入房要闹,违即群叱之"等规定的是妇人"守妇道",有歧视妇女之意。

三是教导族人"诚意正心"。《家规八十条》之第四十九条"遇疾病当请良医调治,不得令僧道设建坛场,祈禳秘祝,其有不遵约束者,众叱之仍削除本年祭胙一次"关注的是族人的身心健康;第五十条的"子孙有妻子者,不得便置侧室,以乱上下之分违者责之,若年四十无子者,许置一人,不得与公堂坐",第五十六条的"婚姻必须择温良有家法者,不可慕富贵以亏择配之义,其豪强逆乱、世有恶疾者,不可与议",第七十七条的"乡厉定于清明日及十月朔日,率族众于祠堂大门前祀之",第八十条的"祭灶、祀社、乡厉外、不得妄举淫祀,违者罚之",关注的是诚意正心下的人伦秩序。

必须指出,以上所分析的《茗洲吴氏家典》之《家规八十条》所体现的家风,有国家层面、社会层面、家庭层面和个人层面四个层面的精神表达,并非严格绝对和彼此独立意义上的划分,一是中国古代长期以来"家国一体"观念深入人心,二是国家层面、社会层面、家庭层面和个人层面等概念的外延本来就有重合,因而,本节的分类只是一个便于分析的行为,实质上这四个层面是相互交织、彼此相关的一体。

第二节　徽州社会家风文化的实践品格

徽州社会家庭或家族或宗族等祖祖辈辈身体力行、共同创造的物质载体——通过实物的宗谱(家规、家法)、建筑、祠堂、牌坊、书院、社学和各种家塾、村塾、义塾以及乡约、仪节、戏曲表演等,以物质形态呈现,蕴含了徽州社会家风文化的实践品格。本节简要从宗谱、祠堂、乡约徽州家风的物质形态,梳理徽州社会家风文化的实践品格。

一、宗谱:尊老爱幼,明德知耻

明清时期,徽州宗族社会作为传统宗族社会的典型,形成了完整而又严密的宗族制度体系。浩若烟海的徽州宗谱是徽州社会家族制度的一种显性价值结构形态,它以血缘关系为主体,较为完整地记载了当时徽州各宗族的姓氏源流、居地迁移、历史人物、世系传衍、人事变迁、宗规宗训、礼仪习俗和重大活动等,是宗族历史和现状的综合承载物,是寻祖探源、慎终追远、集结宗族力量以及编纂徽州方志和地方史的线索和依据。"谱之所载,皆宗族父祖名号,为子孙者,目可得而见,口不可得而言。收藏贵密各宜珍重,以便永远稽查,如有侵污,则系慢祖,众议酌罚。另择本房收管,或有不肖子孙卖谱盗。"[1]

徽州宗谱在结构上大体包括:谱序、凡例、历代谱序、像赞、宗规、姓氏源流、世系表、传记、文翰、遗事、祠墓图、祭田、修谱衔名、跋,以及宗人分字号、世系图、祖墓图、列传、著述等等,"有的谱碟还在卷首录有皇帝恩荣、诰命等文字,以示宗族辉煌之历史。由于明清徽州社会与宗族的发展相对较为繁荣,因此,尚有不少宗谱别开体例、充实内容,以使真正如《史记》等正史和方志那样,形成与国史、郡志并列的体例完备之宗族史志。"[2]

徽州宗谱是徽州社会家族制度的一种显性价值结构形态,一方面起着对宗人尊老爱幼、荣宗耀祖的激励。宋代理学家、思想家和教育家张载曰:宗谱"管摄天下人心,收宗族,厚风俗,使人不忘本,须是明谱系世族与立宗子法……宗法不立,则人不知统系来处。古人亦鲜有不知来处者。宗子法废,后世尚谱蝶,犹有遗风。谱蝶又废,人家不知来处,无百年之家,骨肉无统,虽至亲,恩亦薄"。[3]尤其是宗谱中的王公大臣、名人名士等宗族人物,影响宗人的思想、行为,祁门县十四都谢氏宗谱《孟宗谱》"记载了谢尹奋祖父谢俊民是当地饱读经书处士,其父谢景旦作为儒士被举荐,由祁门县学训导荣升为江西赣州府知府。谢尹奋被《孟宗谱》收录其遗像赞,发廪括困,惠素及困穷,排难解纷,善闻于州里。"[4]《孟宗谱》谢尹奋作为祁门县十四都德才双馨显祖,对族人的确具有激励与教化作用。

徽州宗谱是徽州社会家族制度的一种显性价值结构形态,另一方面的作用在于让本族族众明德知耻。在一定程度上发挥着社会教育、约束和控制等功能。明万历休宁《茗洲吴氏家记》之《家典记》第一条"吉礼":"元日参:家礼,正至朔望,则参尚矣。但元日之参,献岁发春,非朔望比。是日,族男子吉服登堂上,礼拜天地;次登祠楼,谒祖考毕,复至堂上,卑

---

[1] 乾隆.休宁古林黄氏重修族谱.卷首下.宗祠.
[2] 戴圣芳.徽州望族的谱煤文献[J].寻根.2006(6):111-114.
[3] (北宋)张载.章锡探点校.张载集[M].北京:中华书局,2012:258-259.
[4] 郑刚.里老文化在明清徽州社会治理中的作用和影响[N].人民法院报,2019-11-15.

者、幼者举榻拂席,揖族之尊者而跻之上位,乃退。而以次行拜礼毕,则序坐。推族彦,奉圣谕族约,宣示族属,以与之更始。中有不遵条约、纵恶不改者,是日,父老面叱戒。如三犯者,竟斥之,不许登堂,不得与会。如遇族中有大议,间有故意拗众绞群无状、不逊恃强梗败坏例约者,罚银贰两,入聚筐,族众于堂上仍鸣鼓群叱之。初冠则谒长族于厅事。冠礼废已久,族男子冠之日,当请族之长、族之先进至堂上,行一长揖礼。未有字者,即字之。"这里,繁琐的礼仪仪节与禁忌规定,实质上是明德知耻的仪礼普及和言行规则的告诫、约束和规范。

二、祠堂：报本反始,尊祖敬宗

中国古代的"祠堂",这个概念两千多年前就已出现。汉代王逸为大诗人和政治家屈原《天问》所做的注解中："屈原放逐,忧心愁悴,彷徨山泽,经历陵陆,嗟号昊旻,仰天叹息。见楚有先王之庙及公卿祠堂,图画天地山川神灵,琦玮橘诡,及古贤圣怪物行事。"[1]徽州祠堂基本上是具有同一血缘关系的宗族祭祀祖先的场所,称之为宗祠。徽州人通过祭祀,表达报本反始之心,尊祖敬宗之意。

徽州乃"东南邹鲁"和"朱子桑梓之邦",徽州人在祠堂祭祖,普遍遵循朱熹《家礼》的仪节、形制和礼制。"家礼"之"礼",即"理学"之"理","礼"是"理"的实践化。徽州祠堂起于宋,兴于明,盛于清,"讫到清末,徽州曾建有大大小小祠堂6000多座"。[2]几乎每个宗族都建有祠堂。明清时期仅黟县西递胡氏宗族就建有祠堂26座。徽州人在祠堂里,"可以祭祖先知报本,可以修谱牒明世系,可以置族田济族人,可以定族规束族众,在各方面充分发挥宗族制的作用……反过来又在潜移默化中传播了宗法思想和宗族观念,增强了宗族成员向心力,巩固了宗族制度"。[3]

徽州宗族一般建的是宗祠。这些宗祠的建设,在形制严格尊崇朱熹《家礼》中的规定："君主将营宫室,先立祠堂于正寝之东。为四龛,以奉先世神位。祠堂之制,三间,外为中门,中门外为两阶,皆三级,东曰阼阶,西曰西阶。阶下随地广狭以屋复之,令可容家众叙立。又为遗书、衣物、祭器库及神厨于其东。缭以周垣,别为外门,常加肩闭。祠堂之内,以近北一架为四龛,每盒内置一卓。神主皆藏于椟中,置于卓上,南向。龛外各垂小帘,帘外设香卓于堂中,置香炉香盒于其上。两阶之间,又设香卓亦如之。"[4]

《茗洲吴氏家典》之《家规八十条》,与祠堂有关的家规就有20条。徽州祠堂祭祀实践的仪节、形制和礼制,体现和反映出徽州宗族报本反始、尊祖敬宗的家风。

---

[1] 王鹤鸣、王澄著. 中国祠堂通论[M]. 上海：上海古籍出版社,2013：5.
[2] 方春生. 浅谈徽州祠堂的历史演变[J]. 黄山学院学报,2009（4）：5-8.
[3] 戴畅. 徽州祠堂与宗族文化传播研究[D]. 西北大学,2015. 16-18.
[4] 戴畅. 徽州祠堂与宗族文化传播研究[D]. 西北大学,2015. 16-18.

第五章　徽州社会家风文化价值体系与民间日用

"祖先崇拜是徽州人的传统，对祖先的祭祀规定是各宗族的基本准则，此乃追远报本、和睦宗族之盛典也。"[1]《家规八十条》之第一条："立祠堂一所，以奉先世神主。出入必告，至正朔望，必参俗节，必存时物，四时祭祀，其仪式并遵文公《家礼》。"[2] 开宗明义，"四时祭祀，遵文公《家礼》。"《家规八十条》有关祠堂及祭祀之如下条款：

第二条：祠堂之所以报本。子孙当严洒扫扃钥之事，所有祭器，不许他用。第三条：宗法久废，不可不复。吾宗自迁祖以来四百年，长房绝故已非一日，今以次递及，亦自有主宗之人，当于冬至，立春两祭，立宗奉祀，其余各支高曾祖考，四时至祭，因事有告。则各以其小宗主之。第四条：宗子上奉祖考，下一宗祖，当教之养之，使主祭祀。如或不肖，当遵横渠张子之说。择次贤者易之。第十条：祭祀务在孝敬，以尽报本之诚，其或行礼不恭，离席自便，与夫跛倚欠伸，哕噫嚏咳，一切失容之事，立司过督之。第二十九条：子孙不得修造异端祠宇，装塑土木形象。第六十四条：祭礼并遵文公家式，只用素帛明洁，时俗所用纸钱锡箔之类，悉行屏绝，丧礼吊奠，亦只用香烛纸帛，毋杂冥宝经文。第六十六条：吾家立春之祭，其正享配享，皆效仿郑氏《家规》审慎斟酌而后定，非一人创见，亦非一时私意为之，后人当谨守而毋忽焉。第七十五条：岁暮祀灶，各家具牲醴迎神，祭于厅事。第七十七条：乡厉定于清明日及十月朔日，率族众于祠堂大门前祀之。第八十条：祭灶、祀社、乡厉外、不得妄举淫祀，违者罚之。这些条款规范报本反始的缘由、态度、具体规则与要求。

尊祖敬宗，其功能是梳理血脉源流，培育族群意识，明彝伦、序昭穆、正名份、辨尊卑，在精神上强化宗族血缘纽带。尊祖敬宗之意，"实有家名分之首，所以开业传世之本也。故特着此，冠于篇端，使览者知所以先立乎其大者。而凡后篇所以周旋升降出入向背之曲折，亦有所据以考焉。然古之庙制不见于经，且今士庶人之贱，亦有所不得为者，故特以祠堂名之，而其制度亦多用俗礼云。"[3] 尊祖敬宗之内容，《家规八十条》设有如下条款规范和约束：第五条：子孙入祠堂，当正衣冠，如祖考在上，不得嬉笑亵越。第六十五条：冬至专祭始迁祖荣七公考妣，不别奉配，以隆特享。第六十七条：立春祭后一日，以祖考贤良作宰，用设敬老育贤之席，以夫人贞节起家，用颁胙于族之嬬妇。褒既往，劝将来，寓意甚深，后人当世守之。第六十八条：时祭之外，不得妄祀徽福，凡遇忌辰，孝子当用素衣致祭，不作佛事，象钱寓马，亦并绝之，是日不得饮酒食肉听乐，夜则出宿于外。第六十九条：各支高曾祖考，时祭当遵礼于四仲月举行，务在各致追远之诚，至馔之丰约，称力而设，不能拘也。第七十二条：各支高曾祖考，义当奉祀。高祖而上，亲尽则祧，当遵礼永守无背。第七十四条：祠堂祭毕，燕胙照

---

[1] 陶明选. 明清以来徽州民间信仰研究[D]. 复旦大学. 2007: 20-23.
[2] 家规八十条序号. 按照《茗洲吴氏家典》原本顺序排列.
[3]（南宋）朱熹. 家礼. 卷1. 通礼. 祠堂[M]. 景印文渊阁四库全书. 中国台北：台湾商务印书馆. 2008:(142). 531.

095

歙县——汪氏忠烈祠。西溪汪氏为祭祀其祖汪华而立。汪华,歙县人,隋末率众起义,攻占歙、宣、杭、饶、睦、婺六州,自号吴王,归唐后得封越国公,卒后谥"忠烈王"。(王天阳 摄)

昭穆次序坐定,司年家于尊长前奉爵斟酒以致敬。如尊长未到,卑幼不得先坐,或尊长已坐,其次尊长有事后到,弟侄辈皆起立,不得箕踞不顾,致乖长幼之序。第七十六条:五土五谷之神,春秋社日率族众致祭,祭毕饮社酒,先令子弟宣扬劝惩训辞,然后就席,不得免冠露体,不得长幼无序。第七十八条:族讲定于四仲月择日行之,先释菜,后开讲,族之长幼俱宜赴祠肃听,不得喧哗。

徽州祠堂还立有祠规。祠规反映的是报本反始、尊祖敬宗的徽州家风。清乾隆休宁县古林黄氏宗族祠规:"圣谕当遵:孝顺父母,尊敬长上,和睦乡里,教训子孙,各安先理,毋作非为。嗯,做人的道理尽之矣。这六句话虽深山穷谷,愚蒙之人都晓得。其实,诵诗读书贤智之士不曾体会躬行。我祖诗礼传家,后人日习而不察,故首列家规,宜时将圣谕多方指示,伴习俗返朴还淳,忠孝贞廉皆从此出……祖宗创业皆有成法以示来兹,可以承先,可以启后。后之子孙狭小前人,以祖宗为不足法,而先人之规矩荡然无余矣。岂知先人之一名一器尚皆珍护,以昭世守,况嘉言美行之可法可师者乎。吾祖以忠厚开基,历年久远,替缨相继,代不乏人,诚能永而勿替,在家不失为孝子,在国不愧为良臣。违者即属不孝。"[1]

---

[1] 乾隆《休宁古林黄氏重修族谱》卷首下《宗祠》。

三、乡约：敦正伦理，教化风俗

徽州是一个宗族社会，徽州宗族往往集聚而居，一个宗族就是一个乡村，户籍宗族化，徽州人无一例外地生活在宗族乡村社会，异籍外姓难以融入。因徽州的宗族是皇权下渗时依靠的对象，也必然得到徽州宗族的积极响应。徽州乡村的里甲差役由宗族内部按门房支派等轮流承充，相当于徽州乡村的治理基本上是宗族治理。

徽州乡村的治理，除"王法"外，起重要作用的就是族规家法，以及乡约，或者说是"王法"与族规家法与乡约的融合，因为统治者制定的"王法"的主体内容，在徽州，就表现为是以儒家伦理为核心的族规家法和乡约。从某个宗族乡村的"乡约"来说，徽州乡约已逐渐融入宗族管理与事务。由此，乡约内涵显现出来的就是徽州社会宗族的、家族的、家庭的家风。

尽管明末时，徽州乡约一度渐废，但时间不长，清朝的康熙就效仿明代《圣谕六言》，颁布了《上谕十六条》，徽州各地乡约迅速重建。徽州宗族在乡村和宗族管理上，不遗余力地推行和实施乡约教化，且日益体系化。正如文堂乡约序所言："昔周盛时，先王建官立师，以乡三物教万民。故官居野处，化行俗美，蔼然在成周间矣。追我太祖高皇帝混一区宇，廓清夷风，以六言肯训于天下。为民有父母也，故教以孝；为民有长上也故教以弟；为民有乡里也。教之以安生理、毋作非为。故教以和睦；为民有子姓也，故教以学校。以至不安生理而作非为者。终焉俨然先王三物之遗意也。惟我陈人是训是凭，通推族繁人衍，贤愚弗齐，父老有忧之。皇帝六年春，适邑侯衡南廖公来筱兹土，民被其化，咸图自新。于是，遵圣训以立乡约，时会聚以一人心。行之期年，善者以劝，恶者以惩，人之惕然以思，沛然以日趋于善者，皆廖侯之功也。愿我族人同替厥初，躬行不惰，则民行一、风俗同，太和之休不在于周，而在于今日矣。上不负圣王垂训立教之意，下不辜乡人嘉会之盛，义亦重矣，聚亦乐矣。吾党之士，其相与世讲之。隆庆六年壬申岁仲秋之吉龙冈陈征拜书。"[1]

在敦正伦理方面，徽州宗族充分发挥乡约敦正伦理的教化作用。宗族在管理乡村和宗族过程中，将"圣谕"融入和践行于乡村和宗族治理的方方面面，形成良好家风："会日，管会之家先期设圣谕牌位于堂上，设香案于庭中，同约人如期毕至，升堂。端肃班立东西相向，赞者唱，排班，以次北面序立。班齐宣圣谕。司讲出位，南面朗宣太祖高皇帝圣谕：孝顺父母，尊敬长上，和睦乡里，教训子孙，各安生理，毋作非为。宣毕，退，就位。"[2]

在教化风俗方面，着眼推动乡村风俗向善，宗族通过乡约来规范宗人的不良形象和行为，这对宗族家风和乡村风俗起到积极引领作用。清嘉庆二十四年（1819）八月初八日祁门文堂禁赌碑记载："赌博之风起，则人心漓；人心漓，则习俗坏。皇上以化民成俗为心，良有

---

[1] 隆庆. 文堂乡约家法. 隆庆六年刻本. 原书藏安徽省图书馆.
[2] 隆庆. 文堂乡约家法. 隆庆六年刻本. 原书藏安徽省图书馆.

司从而董戒之，其不俊者罪以科。至于坚明约束，变化整伤，则赖一乡之善士也。吾长枫士隆、士深二位族叔祖以身为子弟先，而又循循训诫，严整有法。今与都人为禁赌之约，而合都莫不率从。古所称熏德而善良者，不信然从哉？所愿诸君子时相劝勉，永申此禁。由此而上之，相与讲求，夫孝友、睦渊、任恤之道，恭敬、逊让之风，将见风俗人心蒸蒸益上，又岂仅禁赌以节而已哉！仅坚其约而推广之。嘉庆廿有四年八月初八日。里人嬴记并书。"[1]这里禁赌。"清顺治二年九月二十五日徽州某县佃仆王三一等因聚众结寨倡乱等事立甘罚戒约：立甘罚戒约地仆王三一、朱良成、倪七周、王冬九，今不合被胡清、汪端时、贵时引诱，聚众结寨倡乱劫掠放火等事。于本月二十四日，行劫本县西门汪剑刀行囊。随于二十五日，家主住基对面坟山荫木数根造寨。当有两村家主拿获，口供实情，原系胡清三人倡首。又不合乱砍身等不合，误入同伴。自立罚约，立此甘约存照。乙酉年九月廿五日。求汪家主原情宽恕，次后不敢复蹈前非。其倡首三犯，听后获日送官重处。"[2]这里是王三一等因聚众结寨倡乱等，将送官重处。再如，明嘉靖五年（1526）四月十二日祁门县申明乡约告示："祁门县拾柒都里社，徽州府祁门县为申明乡约以敦风化事。抄蒙钦差总理粮储兼巡抚应天等府地方都察院右都御陈案验备仰本县遵照洪武礼制，每里建里社坛场一场，就查本处遥祠寺观毁改为之，不必劳民伤财，仍行令各该当年里口口嘉靖五年二月起，每遇春秋贰社，出办猪羊祭品，依贰书写祭文，率领一里人户致祭五土五谷之神，务在诚敬丰洁用急祈报，祭毕就行会饮，并读仰强扶弱之词，成礼而退。仍于本里内推选有口德者一人为约正，有德行者二人副之。照依乡约事宜，置立簿籍二扇，或善或恶者，各书一籍，每月朔

歙县棠樾牌坊群位于歙县郑村镇棠樾村东大道上。共七座，明建三座，清建四座。三座明坊为鲍灿坊、慈孝里坊、鲍象贤尚书坊。四座清坊为鲍文龄妻节孝坊、鲍漱芳乐善好施坊、鲍文渊妻节孝坊、鲍逢昌孝子坊。（彭林、王天阳 摄）

---

[1] 王钰钰欣、周绍泉.徽州千年契约文书.卷一.第12页.顺治二年土三一等立罚约.
[2] 王钰钰欣、周绍泉.千年契约文书.卷一.第12页.顺治二年土三一等立罚约.

一会，务在劝善惩恶，兴礼恤患，以厚风俗。乡社既定，然口立社学设教读，以训童蒙；建社仓积粱谷，以备四荒。而古人教养之良法美意率于此乎寓焉，果能行之，则雨阳时若五谷丰登而赋税自充；礼让与行风倡淳美而词讼自间；何待于口口口劳于听断，而水旱盗贼亦何足意乎。此敦本尚实之口，良有司者自当加意举行，不劳催督，各将领过乡约本数，建立过里社处所，选过约正约副姓名，备造口口，各另径自申报，以凭查考。其举之有迟速，行之有勤惰，而有司之贤否，于此见焉。定行分别劝惩，决不虚示等因。奉此除遵奉外，今将图示蒙案验内事理刻石立于本社口，为遵于施行。大明嘉靖五年四月十二日祁门县立石。"[1]这里是敦风化事。

第三节　徽州社会家风文化的民间日用

本节以《朱子家礼》和《茗洲吴氏家典》为例，梳理和论述徽州社会家风文化的日常呈现。

《朱子家礼》也称为《家礼》[2]，是朱熹在礼学方面影响最为广泛、接受人群最多的著作；《茗洲吴氏家典》[3]也称休宁《茗洲吴氏家典》《家典》，是有清一代徽州社会传承《家礼》最具代表意义的宗族礼书。

徽州婺源是朱熹祖籍所在地，朱熹生前曾三次回乡扫墓，讲学授徒，其学术思想通过诸多弟子代代传播，形成了宋明理学的一个重要流派——新安学派。到明清时期，徽州社会读书人在学校、书院、家塾、私塾等讲学读书之风，遍及一府六邑。从元代开始延续至明清两代，朱子理学成为官方主流意识形态，朱熹的著作《四书集注》等地位显赫，作为科举考试的官方指定书目。读书人试科举求功名，必须苦读和钻研《四书集注》，朱熹的影响力空前扩大。徽州社会各宗族子弟，熟读《四书集注》等朱子之书，科举考试科第中举连连，录取进士在宋明清三代共计2134人，名列全国前列。尤其要指出的是，自朱子理学作为官方哲学，以宗法伦理为核心的朱熹理学思想，在徽州产生广泛而深刻的影响，渗入和左右徽州人的观念，并渗入到徽州社会日常生活的方方面面。尤其是在朱熹"三世不修谱，当以不孝论"[4]思想的影响下，徽州宗族纂修谱牒蔚然成风，徽州各宗族修宗谱，建宗祠，践《家礼》，制宗规，行家法，订乡约，谱牒汗牛充栋。特别是规范宗族乃至乡村社会的《朱子家礼》，被徽州宗族作为观念与日常生活的指南和教科书。

---

[1] 此告示碑现立于安徽省祁门县彭龙乡彭龙村西沟渠上。
[2] 本节所涉家礼引文来源：朱熹著，王燕均、王光照校点．家礼[M]．上海：上海古籍出版社，1999．
[3] 本节所涉家典引文来源：(清)吴翟．茗洲吴氏家典[M]．合肥：黄山书社，2006．
[4] (歙县)《金山洪氏宗谱》卷1《金山洪氏宗谱后序》，安徽省档案馆藏。

一、家礼核心，重人伦

休宁茗洲吴氏宗族的谱牒，现存有的最为知名的有：明代万历年间编撰的《茗洲吴氏家记》、清朝雍正年间编撰的《茗洲吴氏家典》等。《茗洲吴氏家记》为抄本，现藏于日本东京大学图书馆；《茗洲吴氏家典》为清代方志学家、时为紫阳书院讲席的吴翟辑撰，现存有雍正十一年紫阳书院刻本。黄山书社于2006年公开出版发行了朱万曙、胡益民主编，由胡益民、余国庆审订的，吴翟辑撰、刘梦芙点校本《茗洲吴氏家典》。从内容上看，《茗洲吴氏家记》《茗洲吴氏家典》与《朱子家礼》相对应，不过《茗洲吴氏家记》《茗洲吴氏家典》的文本篇幅比《朱子家礼》更多。

《茗洲吴氏家典》用"家典"而非用"家礼"，避免了与朱熹的《朱子家礼》同名，都强调儒家传统伦理宗法理念及礼教思想，规范君臣父子夫妇之伦。同时，"家典"因"家礼"而立，"家礼"实质上为"家典"的核心内容。"典非礼不立，礼即行乎典之中，故三纲五常，为礼之大体，有因无革。"[1]所以，无论从体例结构、文本内涵还是从功能目的来看，《朱子家礼》是《茗洲吴氏家典》文本编撰与宗人实践的依据。"徽州宗族的制度建设多是以朱熹《家礼》为中心而展开的，如在被称为以'礼教族'的休宁茗洲吴氏内部，清雍正年间问世的《家典》即是在'远稽三礼，近考文公《家礼》，旁证郑氏《家规》'的基础上形成的，其中很多内容是对《家礼》内容的诠释，或为《家礼》做辩护。"[2]《朱子家礼》由《家礼》序、《家礼》卷一至五，分别对应为通、冠、昏、丧、祭五礼部分，"规定在家庭环境中不同时节、不同人生阶段所行礼事的具体仪节，如岁时祭祀、男冠女笄、婚丧嫁娶等"[3]。"凡礼有本有文。自其施于家者言之，则名分之守、爱敬之实者，其本也；冠昏丧祭仪章度数者，其文也。其本者有家日用之常礼，固不可以一日而不修；其文又皆所以纪纲人道之始终，虽其行之有时，施之有所，然非讲之素明，习之素熟，则其临事之际，亦无以合宜而应节，是亦不可以一日而不讲且习焉者也。"[4]朱熹在此强调的是："礼"乃"施于家者言之""名分之守""爱敬之实"，乃"日用之常"，"不可以一日而不修""不可以一日而不讲且习焉"，指出了《家礼》重建人伦秩序的功能和目的。《茗洲吴氏家典》被认为是徽州具代表性的宗族礼书，与《家礼》一样，《家典》也是将传统官礼日常生活化，乃百姓之礼。《家典》分八卷，卷之一《家规八十条》，卷之一《通礼》，卷之三、四、五、六为冠、婚、丧、祭诸礼，卷之七"外神祀"，卷之八《释菜》。对比发现，《家典》中通礼、冠、婚、丧、祭的具体内容和流程与《朱子家礼》大致相同。

---

[1]（清）吴翟. 茗洲吴氏家典[M]. 合肥：黄山书社，2006：12-13.
[2] 王文俊. 家礼演变与徽州宗族社会的人际传播[D]. 安徽大学，2016：29.
[3] 安国楼、王志立. 司马光《书仪》与《朱子家礼》之比较[J]. 河南社会科学. 2012（10）：86-88.
[4] 朱熹. 家礼[M]. 家礼序. 上海：上海古籍出版社，1999：873.

因此，从《文公家礼》到《吴氏家典》，是民间仪"礼"传播的经典案例，"反映了从朱熹到吴翟两代徽州人在数百年间对于经典、传统礼仪的尊崇与传承"[1]，亦是民间日用的结果。

歙县明伦堂[2]（王天阳 摄）

二、经世致用，尊仁礼

古代中国进入阶级社会并建立国家后，周代之前统治者所推行的"礼"，起源于史前时代的各种鬼神崇拜和各种巫术、禁忌、祭祀、占卜等巫祝文化，甚至是一种尊神、侍神而后则礼的神权其表、王权其实的宗教。周代，以周公为代表的统治阶层制礼作乐，对周之前的礼进行了外科手术式系统改造，将道德与冠、婚、乡、射、朝聘等捆绑在一起入礼，实现"礼治天下"与"德治天下"的并行。儒家创始人孔丘毕生传承和发展周礼，将"仁"入"礼"替换传统礼仪"先鬼神而后礼"的宗教内涵，主张建立尊卑贵贱上下秩序，反对酷法和刑罚，强调

---

[1] 徐道彬、杨哲. 从文公家礼到茗洲吴氏家典[J]. 朱子学研究. 2019（12）: 218–241.

[2] 歙县明伦堂初创于南宋淳祐十年，即1250年，尚存康熙御书"学达性天"、乾隆御书"百世经师"的匾额和重修歙学的碑记等文物。明伦堂，多设于古文庙、书院、太学、学宫的正殿，是读书、讲学、弘道、研究之所。是传承了千年的文化教育品牌，过去是具有一定社会地位的社会精英讲学论道的地方，同时也承担着传播文化与学术研究的功能。现为歙县中学校史陈列馆。

礼乐教化,以德治世和克己复礼归仁之内圣外王,建立起以"仁"为本质、以"礼"为形式、以"仁""礼"为核心的儒家思想体系。到明清时期,伴随理学在徽州的广泛传播,朱子理学中的"三纲五常"思想,已经成为明代徽州社会的主流意识形态和宗族纂修家谱的指导思想及宗旨。在此背景下,具有宗族内外事务管理权力的徽州宗族,通过编修族谱、家规等方式,宣扬传统伦理道德思想,规范徽州宗族思想和言行,教化族众,稳定宗族和乡村社会秩序。

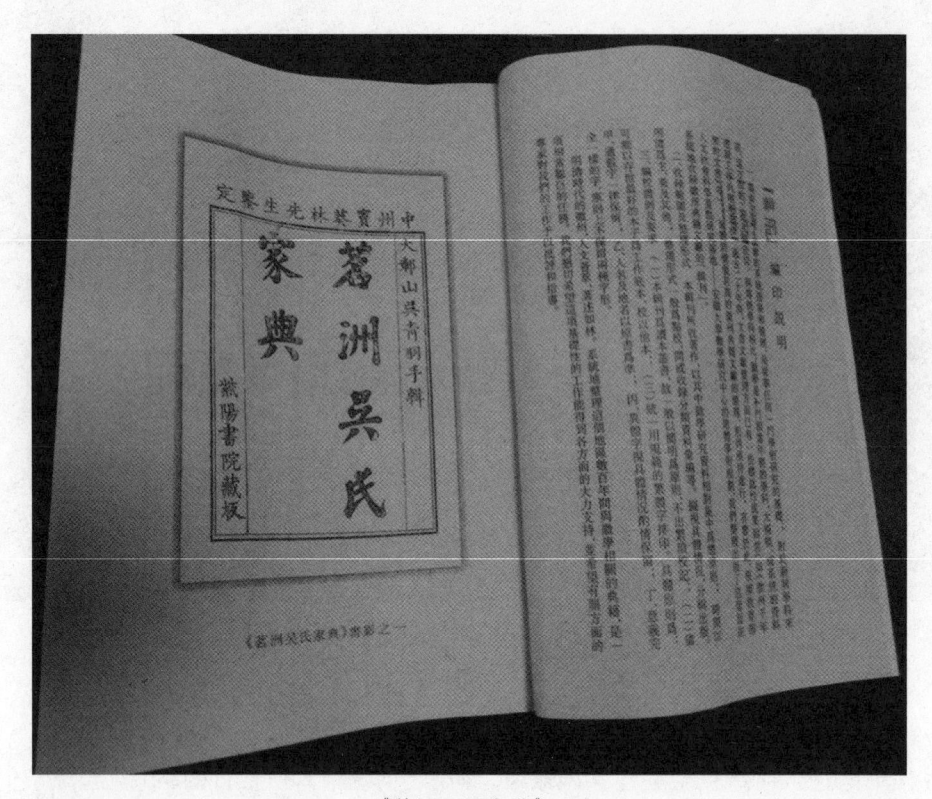

《茗洲吴氏家典》

《朱子家礼》和《茗洲吴氏家典》的意义在于经世致用。编撰宗谱以达到"克己复礼归仁",用于教化和控制族众的目的,在明清时期的徽州社会颇为盛行,也是明代徽州宗族重视并身体力行纂修家谱的原因。《朱子家礼》和《茗洲吴氏家典》以"仁"为本质、以"礼"为形式,并以经世致用为旨归,成为朱氏、吴氏两宗族家风在制度规范层面的精神表达。经世致用乃古代儒家传统,蕴含在《朱子家礼》和《茗洲吴氏家典》里,作为徽州社会宗族仪礼制度规范的意思表达,且历经数百年风吹雨打,一直流传至今。

从《朱子家礼》和《茗洲吴氏家典》规范日常生活物质及效果显现形态看,经世致用显然成就了徽州社会以朱氏、吴氏两宗族为代表的徽州宗族家风,以伦理道德为核心的儒家观念更为经世致用地主宰了徽州人的思想和行为,就像徽州古祠堂无论从建构规制到祭祀制度，人们完全按照朱《家礼》来进行规范，所谓"祭用文公《家礼》通过祠堂之筑，配以宗谱家谱的修订，严格地梳理了宗族的血脉源流关系，达到明彝伦、序昭穆、正名份、辩尊卑的目的"[1]，因而具有实践品格。

三、贤肖信约，守四礼

中国古代礼教教化之冠、婚、丧、祭四大礼仪，承古礼，宜于俗，按照生命的自然周期排列，也自然成为《朱子家礼》和《茗洲吴氏家典》"礼"的主体和核心部分。

冠礼凸显教育和道德标准。《朱子家礼》和《茗洲吴氏家典》都将此礼作为四礼之首。汉族男子举行成年礼仪，成年女子行笄礼。冠礼实行于周代，男子二十岁行冠礼，表示男子成年了，可以婚嫁，并从此作为宗族的一个成年人，参加宗族活动。但冠礼年龄也不恰好在二十岁，行冠礼要满足一定的条件。《家礼》曰："男子年十五至二十可冠。能通孝经论语粗知礼仪。必父母无期丧始可行之。"《家典》曰："十五岁加冠入大学……子弟年十五以上，许行冠礼，须能诵习讲解，醇谨有度者，方可行之。否则，迟之。弟若先能，冠以馈之。"《家典》家规之第五十三、五十四条还规定："子弟当冠，须延有德之宾，庶可责以成人之道。其仪式尽遵文公《家礼》。""子弟已冠而习学者，须沉潜好学，务令所习精进，有日异而月不同之趣。若因循怠惰，幼志不除，则去其帽如未冠时，通则复之。"可见，教育和道德决定能否加冠。此外，参与冠礼的人，无论宾主，都要有德，都重视利用冠礼对子弟的道德教育。

昏礼凸显贤肖信约标准。"昏"同"婚"，即婚礼。婚姻是人类自身生产的需要。古代中国，婚姻从来就不是婚姻双方当事人的事，需门当户对的宗族双方首肯或包办。《家礼》云：议婚"参古今之道，酌礼令之中，顺天地之理，合人情之宜也。凡议昏姻，当先查其婿与妇之性行，及家法何如，勿苟慕其富贵。婿苟贤矣，今虽贫贱，安知异时不富贵乎？苟为不肖，今虽富盛，安知其异时不贫贱乎？妇者，家之所由盛衰也，苟慕其一时之富贵而娶之，彼挟其富贵，鲜有不轻其夫而傲其舅姑，养成骄妒之性，异日为患，庸有极乎？借使因妇财以致富，依妇势以取贵，苟有丈夫之志气者，能无愧乎？又世俗好於襁褓童幼之时轻许为昏，亦有指腹为昏者，及其既长，或不肖无赖，或身有恶疾，或家贫冻馁，或丧服相仍，或从宦远方，遂至弃信负约，速狱至讼者多多是以。先祖太尉尝曰：吾家男女必俟既长然后议昏，既通书，数月必成昏，故终身无此悔乃子孙所当法也。"《家典》曰："婚姻乃人道之本，俗情恶态，相沿不改。至亲迎酿悴、奠雁授绥之礼，人多违之。今一去时俗之习，其仪式悉遵文公家礼。婚姻必须择温良有家法者，不可慕富贵，以亏择配之义。其豪强逆乱世有恶疾者，不可与议。"此外，《家礼》有"纳采、问名、纳吉、纳征、请期、亲迎"六礼；《家典》简化为"纳采、纳吉、亲迎"三道程序。

---

[1] 沈超.徽州祠堂建筑空间研究[D].合肥工业大学，2009：25-27.

丧礼凸显仪庄严孝敬和尽报本之诚标准。丧礼乃慎终追远之礼,在《家礼》中所占篇幅较多。《家礼》"采前说之可行,酌今俗而断以人情",其仪程有二十一条,即(一)初终;(二)沐浴,袭,奠,为位,饭含;(三)灵座,魂帛,铭旌;(四)小敛;(五)大敛;(六)成服;(七)朝夕哭奠,上食;(八)吊,奠,赙;(九)闻丧,奔丧;(十)治葬;(十一)迁柩,朝祖,奠,赙,陈器,祖奠;(十二)遣奠;(十三)发引;(十四)及墓,下棺,祠后土,题木主,成坟;(十五)反哭;(十六)虞祭;(十七)卒哭;(十八)袝;(十九)小祥;(二十)大祥;(二十一)谭。二十一条仪程尽管繁琐,但体现了朱熹民德归厚的初衷。其实丧礼的这二十一条,与司马氏《书仪》的三十六条仪程相比,已经精简了三分之一以上。《家典》中的丧礼仪程在朱熹二十一条基础上,将(二)(三)(四)条合并,再减去第(九)条,剩十八条。《家礼》和《家典》都体现了既隆重又节俭,便利宗人日常实践的用心。

祭礼凸显孝敬与庄严标准。《家礼》和《家典》关于祭礼的内容占据了大量篇幅,以隆特享。祭祀祖先,孝道在前。徽州人祭祖,在祠堂进行。《家礼》将祠堂祭祀置于卷首《通礼》:"祠堂此章本合在祭礼篇,今以报本反始之心,尊祖敬宗之意,实有家名分之守,所以开业传世之本也,故特著此冠于篇端,使览者知所以先立乎其大者。而凡后篇所以周旋升降、出入向背之曲折,亦有所据以考焉。然古之庙制不见于经,且今士庶人之贱亦有所不得为者,故特以祠堂名之,而其制度亦多用俗礼云。君子将营宫室,先立祠堂。于正寝之东为四龛,以奉先世神主。旁亲之无后者,以其班祔。置祭田,具祭器。主人晨谒于大门之内,出入必告,正至朔望则参。俗节则献以时食,有事则告。"《家典》也如出一辙,将祠堂祭祀置于卷首:"况今于此俗节,既已据经而废祭,而生者则饮食燕乐,随俗自如,非事死如事生、事亡如事存之意也。愚意时祭之外,各因乡俗之旧,以其所尚之时,所用之物,奉以大盘陈于庙,而以告朔之礼奠焉,则庶几合乎隆杀之节,而尽乎委曲之情,可行于久远而无疑矣。"另茗洲吴氏宗族缘起于始祖吴荣七,《家典》专条规定:"冬至专祭始迁祖荣七公考妣,不别奉配,以隆特享。"至于祭祀诸神鬼等等,《家典》基本上沿用《家礼》规定。

第六章　明清时期徽州社会家风文化的当代价值

明清时期徽州社会家风文化的价值体系指的是明清时期徽州社会家风文化的内容体系。明清时期徽州社会家风文化的价值体系，包含明清时期徽州社会家风文化的观念体系、徽州社会家风文化的实践品格和徽州社会家风文化的日常呈现三个层面的内容。徽州社会家风文化的观念体系，在国家层面，有爱国忠君、治国安邦的价值要求；在社会层面，有尽礼尊长、和睦乡里的价值要求；在家庭层面，有崇文重教、父慈子孝的价值要求；在个人层面，有诚意正心、尚德尚勤的价值要求。徽州社会家风文化的实践品格，在宗谱上，有荣宗耀祖、明德知耻的实践品格；在祠堂上，有报本反始、尊祖敬宗的实践品格；在乡约上，有敦正伦理、教化风俗的实践品格。徽州社会家风文化的日常呈现，包括传统礼仪的日常生活化、礼仁的经世致用、贤肖信约的抉择。这些内容，毕竟是生发数百年前明清时期的徽州的时空，取其精华，剔除糟粕，立足时代语境，按照新时代的特点和要求，是我们讨论明清时期徽州社会家风文化的当代价值应持有的态度。

第一节　徽州社会家风文化的观念体系的当代价值

明清时期徽州社会家风文化的观念体系，对其时的国家发展、社会和谐、家庭维系和个人成长，发挥着举足轻重的作用。当下，对明清时期徽州社会家风文化的观念体系进行创造性转化与创新性发展，发掘和激活明清时期徽州社会家风文化的观念体系的优秀成分，尤其是其中体现的有助于培育和践行社会主义核心价值观的部分，增强其影响力和感染力，引导、改造人们的精神世界和信仰体系，理论与实践意义重大。

一、爱国爱乡，治国安邦

爱国爱乡、治国安邦，对国家和民族的忠诚和热爱，是明清时期徽州家庭的普遍家风。时代变了，两千多年的封建君主制社会已经一去不复返了，但爱国爱乡、治国安邦观念是我们这个伟大时代永恒的主题。爱国爱乡、治国安邦观念，是古人国家精神在当代的价值彰显。

爱国爱乡、治国安邦观念，在几千年的历史长河中，中国人形成了对自己国家、自己家乡的共同热爱。也正是这种共同热爱,支撑着徽州社会家风文化历经千年而不衰,并以家族为中心衍生出了徽州人特有的家国情结。爱国爱乡、立志治国安邦已经融入徽州人的血液,成为这片土地上的人们的一种内在气质和人格要求。"在耕读为本、诗书传家成为风尚的农耕社会,徽州家族在教育子弟读书时就强调家事国事天下事事事关心,注重培养圣人、君子的理想人格,注重把个人追求与社会目标统一起来,提倡修身齐家治国平天下"[1],强调学而优则仕,在那个年代,不仅能够光宗耀祖,更是为了爱国爱乡、治国安邦而利济苍生。这种把个人理想与爱国爱乡、治国安邦观念相结合,奠定了徽州人"修身齐家平治天下"的道德理想和实践准则。同时。这种由个人而家庭,由家庭而宗族,由宗族而国家,由国家而天下的爱国爱乡、治国安邦观念,更具人文关怀精神,更能引起国人的共鸣,对于凝聚共识,增强民族凝聚力和向心力,弘扬以爱国主义为核心的民族精神具有积极意义。

爱国爱乡、治国安邦观念,在当下也是实现第二个百年目标即建设中国特色社会主义现代化国家的思想基础。我们的第二个百年奋斗目标,其核心的内容就是建设国家富强、民族振兴和人民幸福的现代化强国。只有建设现代化强国,实现国家富强、民族振兴和人民幸福,才是中华民族"强"起来的具体体现。因而,我们每个人只有把自己的事业理想和民族繁荣、国家富强和人民幸福相融,和中华民族"强"起来相结合,才能更好地实现个人事业发展和实现个人梦想。所以,如果我们每一家庭弘扬爱国爱乡、治国安邦家风,推动国家富强,民族复兴,乡村发展,实现千千万万个家庭幸福美满,那么,就一定能够早日实现中华民族伟大复兴的中国梦。

二、尽礼尊长,和睦乡里

尽礼尊长、和睦乡里是明清时期徽州乡村的人们的相处之道和家庭风尚。在新时代,我们还需要向传统文化中的尽礼尊长、和睦乡里价值观念汲取营养,传承发展尽礼尊长、和睦乡里家风中的文明和谐法治思想,使其服务于当下基层社会治理,服务于重塑基层社会的团结精神,促进文明和谐法治价值观念在基层社会的普及。

尽礼尊长、和睦乡里是几千年来中华文化的积淀,是中国传统文化的重要组成部分,包含着丰富的文明和谐法治思想。徽州社会乡村大众多是聚族而居,具有血缘性和地缘性的特征,这一特征决定了徽州乡村社会基本上是一种熟人社会结构。在这种社会结构中,尽礼尊长、和睦乡里家风,懂得孝道和感恩,怀有敬畏之心,知道有所为有所不为,成就了文明和谐法治的乡村环境,有利于维护乡村社会的稳定。在当代社会,乡村社会的稳定与健康发展,文明和谐法治是重要前提。

推而广之,从国家层面加强基层社会治理,研究明清时期徽州社会尽礼尊长、和睦乡里

---

[1] 蒋仁婷. 祠堂文化的育人思想及其当代价值研究[D]. 湖南大学,2018.

的家风,创造性转化创新性发展其蕴含的文明和谐法治价值,坚持走依法治国、以德育人之路,引导基层社会民众向上向善、孝老爱亲和邻里和睦,对于夯实国家基层社会治理制度基础和思想道德基础极具现实意义。

三、崇文重教,父慈子孝

崇文重教、父慈子孝,曾经是徽州人立身齐家之本和传统美德,是徽州社会大众遵行的基本道德规范和判断是非善恶的价值标准,是传播和流行在徽州社会一带的家风。在明清时期,崇文重教、父慈子孝起到了拓展个人上升通道,调适家庭关系的作用。崇文重教、父慈子孝家风贯穿了家庭道德、社会公德、个人美德的培养,增进了人生发展、家庭和睦目标的达成。

崇文重教在建设中国特色社会主义现代化国家和乡村振兴发展中具有基础性、先导性作用。坚持教育优先发展战略,统筹布局规划,优化教育资源配置,加大财政投入,补齐教育短板,推动教育优质均衡发展,提高教育办学水平,满足人民群众的期待,是在当下的应有之意。父慈子孝,体现的就是"和为贵"的价值观念。崇文重教、父慈子孝价值观念,有利于"和合"观念深入人心,铸就了民众的整体意识和协同精神,促进了个人、家庭、家族、宗族乃至民族价值观念的普遍认同。

崇文重教、父慈子孝家风充满了辩证思维。随着社会主义现代化建设的快速发展,现代文明早就走向了基层乡村。如今的宗族主义已不复存在,乡村生活方式也日益现代化。随着教育的发展、生活的进步和大众观念的更新,保有和发展崇文重教、父慈子孝的家风,对今天我们弘扬优秀传统价值观念,促进个人、家庭、社会和国家的文明、和谐、敬业和友善局面的形成,推动乡村振兴,促进乡村治理现代化,具有重要借鉴意义和价值。

四、诚意正心,尚德尚勤

诚意正心、尚德尚勤价值观念是徽州社会的传统家风,也是徽州人的一种高尚人格。在当下就是倡导和谐、敬业、诚信、友善等价值观念,以此推动广大乡村和整个社会对优秀传统文化的传承创新。"随着国家尤其是广大乡村发生了翻天覆地的变化,农民的生活也逐渐富起来了,随之而来,各种思想文化思潮、价值观念也涌入农村。不同思想文化的相互激荡,不同价值观的交互碰撞,使得农村的价值生态环境变得错综复杂。"[1]在乡村多元化的价值生态环境中,一些地方社会主义、爱国主义、集体主义等价值观不彰,这种情况下必须充分激活徽州社会诚意正心、尚德尚勤家风中丰富的和谐、敬业、诚信、友善等价值观念,推动基层社会价值观念重新焕发生机,发挥其价值导向作用。

诚意正心、尚德尚勤家风包含徽州人的奋斗精神。在当前利益多元、价值多元的现代

---

[1] 蒋仁婷. 祠堂文化的育人思想及其当代价值研究[D]. 湖南大学,2018.

社会,一些人拜金主义、享乐主义思想不断充斥着价值观念,造成社会尤其是部分乡村民众价值目标缺失和精神世界空虚。人无精神不立,家无精神不睦,国无精神不强。倡导诚意正心、尚德尚勤家风,生发和谐、敬业、诚信、友善等价值观念,通过每个人的努力奋斗,就能达到正家风、顺万事、和社会的效应。因为家风和社会风气是相通的,"社会风尚也源自于普遍家庭家风的传递和渲染,拥有良好家风的家庭给社会及他人不仅留下的是正面向上正能量,同时也会带动感召着社会和他人,对整个社会良好风气的营造创造了条件。"[1]

第二节 徽州社会家风文化的实践品格的当代价值

明清时期的徽州社会家风文化,是由徽州社会老百姓在生产、生活和社会实践等过程中产生的体现精神风貌和乡村物质文明的文化。这种精神风貌和乡村文化具有实践品格。传承发展徽州社会家风文化的实践品格,推动中国传统文化的现代化,在当下具有独特的实践意义。

一、尊老爱幼,明德知耻

尊老爱幼、明德知耻的实践品格,是新时代家风建设不可或缺的内容。当下一些家庭在此方面存在较大缺失,并由此衍射到社会的精神、文化、生活、生产等方方面面。可以说,尊老爱幼,明德知耻的实践品格,包括如何尊老爱幼,如何修身自律,如何以德待人,如何知耻后勇,是我国家庭成员及子孙后代最基本的修养。尽管党和国家在积极推动,但从现实反映出来的情况来看,还并不能满足社会期待。

尊老爱幼、明德知耻的实践品格,是新时代社会公民道德建设不可或缺的内容。对于社会公民来说,促进尊老爱幼、明德知耻家风,具有永久性的意义。当前,我国处在建设中国特色社会主义现代化国家的第二个百年目标奋斗期,中国特色社会主义现代化当然包括社会公民道德建设的现代化。这一现代化建设时期,我们所面临的是新旧事物的交织和磨合,一方面,国家通过大力推动精神文明建设、构建法治社会、促进治理体系和治理能力现代化等;另一方面,社会公民道德建设也在加强和规范。

尊老爱幼、明德知耻的实践品格,是践行新时代社会主义核心价值观的实践要求。社会主义核心价值观是关于全社会价值体系的建设,从主体的层次来看具有广泛性,不仅涉及不同的职业领域,也涉及每一个家庭,要求我们实现社会主义核心价值观的大众化和实践化,所有人自觉塑造内心世界,加强素质修养;所有人提高认识,自觉遵守,全力践行,为弘扬社会主义核心价值建设做出力所能及的贡献。

---

[1] 樊虹. 我国传统家训蕴意及其现代文化价值[D]. 河北经贸大学, 2015.

二、报本反始,尊祖敬宗

报本反始、尊祖敬宗的实践品格,是徽州社会宗族修身齐家、孝悌仁德等以儒家传统为核心价值的家风的传承。梁漱溟所说的"中国文化自家族生活衍来"[1],钱穆认为的"中国文化全部都从家族观念上筑起"[2],指的就是家风建设,不仅是一个观念问题,而且是一个实践问题。这种实践品格,乃家风的开业传世之本,君子仁德之人之根本,要求对家庭成员给予群体规范和自我约束,使自己、家庭的行为受到社会的普通尊重,并推己及人,由家及国,葆有"小孝事亲、大孝事国"的家国情怀。

报本反始、尊祖敬宗的实践品格,是国家《宪法》等法律强制力保护的内容。《中华人民共和国宪法》:国家通过普及理想教育、道德教育、文化教育、纪律和法制教育,通过在城乡不同范围的群众中制定和执行各种守则、公约,加强社会主义精神文明的建设;国家倡导社会主义核心价值观,提倡爱祖国、爱人民、爱劳动、爱科学、爱社会主义的公德,在人民中进行爱国主义、集体主义和国际主义、共产主义的教育,进行辩证唯物主义和历史唯物主义的教育,反对资本主义的、封建主义的和其他的腐朽思想。报本反始、尊祖敬宗的实践品格,不仅是我们需要遵守的传统美德,而且是每一个人必须承担的责任和义务,这种责任和义务需要深入实践,让所有人都自觉付出。

报本反始、尊祖敬宗的实践品格,需要在新时代尤其是老年社会来临时期守正创新。随着我国社会的年龄结构正加速老龄化,截至2017年末,65岁以上老年人已占到总人口的11.4%,远远超过了国际上对老龄化社会的界定标准。但当今社会"啃老"现象严重,家庭面临养老压力,老人在社会中本该应有的地位被忽视。全社会要认清问题,不仅是尽报本反始、尊祖敬宗的本分,创新处理好老年人的衣食住行、日常护理与照料,而且要立足减轻社会负担。并由此及彼,对子女后辈以身作则,推进良好家风的进一步形成。

三、敦正伦理,教化风俗

敦正伦理、教化风俗,是用儒家伦理影响社会成员的行为与心理的方式。其目的在于形成家庭与社会和睦、风俗美善的环境。敦正伦理、教化风俗作为社会文化精神实践的载体,与国家、社会、家庭的兴衰息息相关。明清时期,徽州社会的家风中对违反伦理教化的人施以责罚,比比皆是。在当今社会,挖掘徽州社会敦正伦理、教化风俗家风中蕴含的"民主、文明、和谐、自由、平等、公正、法治、爱国、敬业、诚信、友善"等社会主义核心价值观内容,从细微的实践环节开始,推动在家庭、社会中发挥示范作用,乃国家、社会和家庭等的责任。敦正伦理、教化风俗环境的实现,需以上率下、上下其手,协同创新,理论实践并举,令行禁止。

---

[1] 梁漱溟. 中国文化要义[M]. 上海:上海人民出版社,2005:258.
[2] 钱穆. 中国文化史导论[M]. 北京:商务印书馆,1994:58.

敦正伦理、教化风俗的实践品格，是明清时期徽州社会家风中养德教化的内容。家庭日常生活与习俗中，伦理乃本体与底线。当前社会上出现了很多有关家庭夫妻之间，特别是年轻夫妻之间离婚率升高，兄弟姐妹之间因为家庭财产问题闹得断绝关系，父母与子女之间因为赡养义务变得相互有隔阂等问题，其根源就在敦正伦理、教化风俗不够。家中的长辈要做敦正伦理、教化风俗的标杆和言传身教的引领者，有积极的人生态度与人生价值观，正直诚信，言行一致；家庭关系上长幼有序，和睦相处；事业上爱岗敬业，讲责任担当。同时，晚辈要做敦正伦理、教化风俗的传承者与实践者，加强学习实践，严格养德教化要求，推动敦正伦理、教化风俗产生潜移默化的影响，且代代相传。

敦正伦理、教化风俗的实践品格，是促进社会德治与法治有效统一的途径。德治和法治都是国家、社会治理的基本方式，当代中国，一方面树立价值标杆，通过培养和践行社会主义核心价值观，引领社会道德风尚；另一方面，大力推进"科学立法、严格执法、公正司法、全民守法，坚持法律面前人人平等，保证有法必依、执法必严、违法必究"，要求"任何组织或个人都不得有超越宪法和法律的特权，绝不允许以言代法、以权压法、徇私枉法"。只要德治与法治相辅相成，相得益彰，那么就会形成德润人心，又安天下的局面。

第三节 徽州社会家风文化的日常呈现的当代价值

徽州社会家风文化的日常呈现，历史上对徽州地区的百姓和社会产生了巨大影响，在现代社会也具有借鉴意义与价值。

一、孝悌仁爱

明清时期，徽州宗族把孝悌、仁爱、礼让等传统礼仪的道德教化寓于族人的日常生活中，并将其内化为人们为人处世的内心信念，以此来凝聚族人之心，从精神上加强宗族的团结和稳固，整个徽州社会仍得以稳定持续的发展。正如清代徽州歙县人程瑶田所说："礼之于人大矣！以求之其子者而事父，以求之其臣者而事君，以求之其弟者而事兄，以求之其友者而先施，礼也。然而道或不明于天下，何也？贤者之过，过于礼也；不肖者之不及，不及乎礼也。彼非不切切焉以冀斯道之明也，而已有所不明焉，而好异喜新，以蔽于斯道者无论己。视不以邪色接乎目，听不以淫声受于耳，言不以游辞出诸口，动不以畸行加诸身，礼也。然而道或不行于天下，何也？智者之过，过乎礼也；愚者之不及，不及乎礼也。"[1]"让者，争之反也。……若夫闾巷之民，不知礼义，以不相让为能，卒亦因而至困者，何可胜道也！"[2]正因如

---

[1] 程瑶田. 程瑶田全集：立礼篇[M]. 合肥：黄山书社，2008：17.
[2] 程瑶田. 程瑶田全集：主让篇[M]. 合肥：黄山书社，2008：17.

此，在社会发展中，以孝悌仁爱等传统礼仪为核心的传统伦理道德，紧密地维系着社会文明和谐诚信友善的基础。

明清徽州社会家风文化对传统礼仪的坚守，是我们的一笔宝贵的精神财富。中国是礼仪之邦，需要弘扬发展传统礼仪。当今中国，由于社会的转型，我们创造了当下世界经济奇迹，现在已发展成为世界第二大经济体，这是非常了不起的事情。但是快速的社会变迁也使优秀的传统文化的传承发展跟不上脚步，尤其是传统礼仪，正面临着严峻的挑战。走进新时代，我们应该将中华传统优秀文化这笔精神财富继承下来，在创造性转化与创新性发展中，深入推进社会主义核心价值观建设，进一步形成与经济社会发展相适应的优秀传统礼仪、传统美德的"新常态"，进一步激发优秀传统礼仪的当代价值，助推社会向更美丽、更富裕、更文明的目标前行。

推广徽州社会形成的优秀传统礼仪，实现人类共同价值追求。人类共同价值追求是个体价值追求的集合体。传统礼仪通过约之以礼、行之以礼以及重礼贵和，促进个体理想人格的形成。个体理想人格的形成，在徽州社会的长期实践中指向三条路径：其一，为社会个体成长，创造良好以礼治国、以礼立身的环境，因为这是约之以礼的本义。其二，社会个体成长从尊崇礼、安于礼、行依礼做起，因为行之以礼强调的是人们相处时要用礼和守礼。其三，培养个体理想人格，从而达到修己安人的目的，因为"重礼贵和"强调以礼来有效处理各种社会矛盾和纠纷，这是观念，也是实践。

二、经世致用

经世致用家风体现爱国主义情怀、社会责任观念和道义担当意识的统一。经世致用是中国儒家入世思想的一种体现，以经纶天下为己任，大的方面涉及国家富强、民族复兴、社会进步和人民幸福；小的方面涉及个性解放、家庭和睦和社区稳定等。恰如曾子所谓"士不可以不弘毅，任重而道远"，在当代社会，经世致用之爱国主义情怀、社会责任观念和道义担当意识是社会主义核心价值体系所推崇的重要价值观念，是社会主义核心价值体现的重要内容。当今时代的中国大众要有胸怀天下的抱负、先天下之忧而忧的使命感和兼济社会的道义担当，着眼社会，服务社会，改造社会，引导社会。所谓"修齐治平"与"正心诚意"、"内圣"与"外王"等既是经世致用理念与目标，又是经世致用方法与手段，也是经世致用过程与结果。经世致用还是古为今用、与时俱进与社会责任的价值理性的一种制约与指导，倡导立足当下，作为弘扬以爱国主义为核心的民族精神，践行社会主义核心价值观，在改革、解决社会各种问题进程中运用所学践行，达成目标。

经世致用家风体现人类认识自然与改造自然的统一。经世致用既是道德理想，也是实践求索。从道德理想看，中国士人向来秉持中国思想传统，注重彰显道德涵养并推己及人，影响并塑造社会。从实践求索看，明清时期以"经世"实学对"束书不观，游谈无根"的程朱理学展开了批判,把经世致用之学拓展到自然、社会和思想文化领域。随着人们认识自然、改造自然的发展,经世致用之道德理想与实践求索作用于社会,推动社会政治经济文化的不断进步。"不同时期其表现形式也不尽相同。随着鸦片的输入和帝国主义的入侵,民族矛盾开始上升,爱国主义和呼吁政治变革构成近代知识分子经世致用之道德理想与实践求索的底色。"[1]进入20世纪后,随着学术研究开始向窄而深的专门化、实证化的方向发展,经世致用之道德理想与实践求索影响式微。新时代,实现中华民族伟大复兴的中国梦,作为一种悠久人文传统——经世致用之道德理想与实践求索,对于当代人文精神与实践体系的建构仍有着十分重要的价值。

经世致用家风体现理论与实践、知与行的统一。经世致用反对空谈,力主躬身实践,注重经世致用家风在现实社会生活中的运用,维护文明、和谐和公正、法治的社会秩序。所谓空谈误国,实干兴邦,说的就是践行理论与实践、知与行的统一,共同为当代建设中国特色社会主义现代化国家的政治、经济、文化、教育等服务,为新时代各个领域的改革、发展和创新实践所遵从。从这个意义上说,经世致用是推动社会发展、干事创业的法宝,是在新时代依然应大力提倡和推广的大众文化。

三、贤肖信约

贤肖信约促进社会文明、和谐、诚信、友善。贤肖信约主要包括仁义、孝道、诚信和守约等价值观念,是当代社会主义核心价值观所包含的文明、和谐、诚信、友善等的体现。明清时期徽州社会的贤肖信约的盛行,促使徽州宗族用以贤肖信约为中心的伦理道德进行宗族的管理,有利于宗族社会的稳定发展。徽州人大量外出经商时,形成自己的贤肖信约风范,并获得了良好的社会赞誉,促进了徽商的发展。"仁者,人之德也;恕者,行仁之方也。……夫仁,至重而至难这也。故曰仁以为己任,任之重也;死而后已,道之远也。"[2]可见,传统贤肖信约文化在促进社会和谐发展的过程中,发挥了巨大作用。新时代中国特色社会主义现代化建设同样能从其中有所借鉴。

贤肖信约体现以人为本。明清时期徽州社会贤肖信约家风,强调仁义、孝道、诚信和守约,推广到乡里及社会,即是要求人与人之间以诚相待,相互理解、信任,互帮互助,以和为贵,恪守规则,即体现以人为本。"和以治己,则居之安;和以治人,则人皆乐之而日迁于善。……是故和气召祥,乖气取戾,自古至今,莫不皆然。……夫天地之行,四时而生,成乎百物也,苟其不和,且不能成岁功,而况于人乎?故曰:致中和,天地位焉,万物育焉。"[3]激活

---

[1] 韩玉胜. 经世致用与爱国主义[J]. 宜春学院学报. 2011(10).
[2] 程瑶田. 程瑶田全集: 进德篇[M]. 合肥: 黄山书社, 2008: 18-19.
[3] 程瑶田. 程瑶田全集: 贵和篇[M]. 合肥: 黄山书社, 2008: 23.

明清时期徽州社会传统贤肖信约的这些内涵和要求,践行现代中国社会主义核心价值观理念,有利于推动社会主义精神文明和物质文明建设。

  贤肖信约推动经济发展。明清时期徽商传承贤肖信约家风为中心的儒家传统思想,个人修养、从业素质大为提升,赢得社会"贾而好儒""薄利重义"的喝彩。"贾而好儒""薄利重义"在经商中就是经营理念和商业道德,也是经商过程和经商效果,体现了徽州商者的文化自信。"今有能纯乎喻义而绝不喻利之人,处人伦如此,酬事务亦如此,夙兴夜寐举如此,尔室屋漏中如此,稠人广众中复如此,志气清明时如此,梦寐惶惑时无不如此。此其人,不亦可以立于天地间乎?夫十分喻义,容有不合义处,无伤也。无丝毫喻利意杂乎其中,虽不合义,不得谓之不纯乎喻义也。若杂丝毫喻利意于十分喻义中,则此十分喻义,立地变为十分喻利矣。夫义、利亦何常之有哉?彼不孝部弟者无论已,十分行孝行弟矣,吾于是察其所喻义乎,抑喻利乎?未能不生分别也。果喻义矣,吾正不必问其所行孝行弟之合义与否也。惟无丝毫喻利意杂乎其中,此乃为十分喻义之人,乃可以立于天地间,足为天下、后世法。"[1]联系到当今社会,这些良好的商业道德及经营理念,体现了企业家、员工的人文和道德因素在提升企业核心价值和社会竞争力中的巨大作用,是当代企业加强自身文化建设的需要。

---

[1] 程瑶田.程瑶田全集:通艺录自叙[M].黄山书社,2008:9.

附件一：
雍正休宁《茗洲吴氏家典》之——家规八十条[1]

一、立祠堂一所，以奉先世神主。出入必告，至正朔望，必参俗节，必存时物，四时祭祀，其仪式并遵文公《家礼》。

二、祠堂之所以报本。子孙当严洒扫扃钥之事，所有祭器，不许他用。

三、宗法久废，不可不复。吾宗自迁祖以来四百年，长房绝故已非一日，今以次递及，亦自有主宗之人，当于冬至，立春两祭，立宗奉祀，其余各支高曾祖考，四时至祭，因事有告。则各以其小宗主之。

四、宗子上奉祖考，下一宗祖，当教之养之，使主祭祀。如或不肖，当遵横渠张子之说。择次贤者易之。

五、子孙入祠堂，当正衣冠，如祖考在上，不得嬉笑亵越。

六、诸处茔塚，子孙当依时亲自展省，近茔树木，不许剪拜。

七、坟茔年远，其有平塌浅露者，子孙当率众修理之，更立石深刻名氏，毋致湮灭难考。

八、祀田所入，充每年祭祀之费，岁不可缺，当清查税亩，字号四至，另书一册，贮众匣内以便不时稽考，以后置者，当陆续载入。

九、朝廷国课，小民输纳，分所当然。凡众户己户，每年正供杂项，当预为筹画，及时上官，毋作顽民，致取追乎，亦不得故意拖廷，希冀朝廷蠲免意外之恩。

十、祭祀务在孝敬，以尽报本之诚，其或行礼不恭，离席自便，与夫跛倚欠伸，哕噫嚏咳，一切失容之事，立司过督之。

十一、贫困将产业典卖，此是万不得已，凡受产之家，须估时值如数清缴，不许货物抬算，并不许旧逋准折，此祖数百年遗训，违者天必诛之。

十二、有余置产，当顺来顺受，不可有意钩取，亦不得恣意自便，强图方员。

十三、族中有子弟有器宇不凡，资禀聪慧而无力从师者，当收而教之，或附之家塾，或助

---

[1] 休宁茗洲吴氏宗族的谱牒，现存有的最为知名的有：明代万历年间编撰的《茗洲吴氏家记》、清朝雍正年间编撰的《茗洲吴氏家典》等。《茗洲吴氏家记》为抄本，现藏予日本东京大学图书馆；《茗洲吴氏家典》为清代方志学家、时为紫阳书院讲席的吴翟辑撰，现存有雍正十一年紫阳书院刻本。

以膏火,培植得一个两个好人,作将来模楷,此是族党之望,实祖宗之光,其关系不小。

十四、族中子弟不能读书,又无田可耕,势不得不从事商贾,族众或提携之,或从他亲友,处推荐之,令有桓业,可以糊口,勿使游手好闲,致生祸患。

十五、族内贫穷孤寡,实堪怜悯,而祠贮绵薄,不能赒恤,赖族彦维左,输租四百,当依条议,每岁一给,顾仁孝之念,人所同具,或贾有余财,或禄有余资,尚祈量力多寡输入,俾族众尽沾嘉惠,以成矩观。

十六、子孙赌博无赖,及一应违于礼法之事,其家长训悔之。悔之不悛,则痛箠之,又不悛,则陈于官而放绝之,仍告于祠堂,于祭祀除其胙,于宗谱消其名,能改则复之。

十七、子孙以理财为务者,若沉迷酒色,妄肆费用,以致污陷,父兄当核实罪之。子孙须恂恂孝友,实有诗礼之家气象。见兄长坐必起。行必以序,应对必以名,毋以尔我。

十八、子孙须恂恂孝友,实有诗礼之家气象。见兄长坐必起,行必以序,应对必以名,无以尔我。

十九、子孙之于尊长,闲以正称,不得假名易姓。

二十、兄弟相呼,名以其子冠于兄弟之上。伯叔之命侄亦然,侄之称伯叔,则以行称,继之以父。

二十一、卑幼不得抵抗尊长,其有出言不逊、制行悖戾者,姑诲之,诲之不悛,则众叱之。

二十二、子孙受长上诃责,不输是非,但当俯首默受,无得分理。

二十三、子孙固当竭立以奉长上,为长上者亦不可挟此自尊,攘拳奋袂,忿言秽语,使人无所容身,甚非教养之道,若非有过,法言巽言开导之。

二十四、子孙不得从事交结,以保助闾里为名。而恣行以意,遂致轻冒刑宪,隳坏家法。

二十五、子孙毋习吏胥,毋为僧道,毋狎屠坚,以坏乱心术,当时以(仁義)二字铭心镂骨。庶或有成。

二十六、延迎礼法之士,庶几有所观感,有所兴起,其于学问资益非小,若呓词幻学之流,当稍款之,复逊辞以谢绝之。

二十七、子孙自六岁入小学,十岁出就外傅,十五岁加冠入大学,当聘致明师训饬,必以孝悌忠信为主,期底于道,若资性愚蒙。业无所就,令习治生理财。

二十八、子孙不得或于邪说,溺于淫祀,以徼福於鬼神。

二十九、子孙不得修造异端祠宇,装塑土木形象。

三十、子孙进退,皆务尽礼,不得引进娼优,讴辞献妓,娱宾狎客,上累祖宗之家训,下教子孙以不善,甚非小失,违者罚之。

三十一、俗乐之设,诲淫长者,切不可令子孙听,复肆习之。

三十二、棋枰,双陆,辞曲,虫鸟之类,皆足以蛊心惑志。废事败家,子孙当一切弃绝之。

115

三十三、举业发圣贤之理奥为进身之阶梯。须多读经书,师友讲究,储为有用,不得冒名、鲜实,不得纷心诗词及务杂技,令本业荒芜。

三十四、子孙有发达登仕籍者,须体祖宗培植之意,效力朝廷、为良臣,为忠臣,身后配享先祖之祭。有以贪墨闻者,于谱上削除其名。

三十五、先祖遗书,荒乱后尽已丧失,所存《瑞谷毂文集》共计若干篇,计板若干片,贮之祠内,责令司年不时查考、毋致失落。

三十六、妇人必须安详恭敬,奉舅姑以孝,事丈夫以礼,待娣姒以和,无故不出中门,夜行以烛,无烛则止,如其淫狎,即宜屏放。若有妒忌长舌者,姑诲之,诲之不悛、则出之。

三十七、妇人媟言无耻及干预阃外事者,众共叱之。

三十八、嫌疑之际,不可不慎,非丧非祭,男妇不得通言,卑幼之于尊长。有事禀白,宜于厅事,亦不得辄入内房。

三十九、家道贫富不等,诸妇服饰,但务整洁,即富厚之家,亦不得过事奢靡。

四十、主母之尊,欲使一家悦服,切不可屏出正室,宠异侧室,为之以乱尊卑。

四十一、诸妇之于母家二亲存者,礼得归宁,无者不许。

四十二、妇人亲族有为僧道者,不许往来。

四十三、少母但可受自己子妇跪拜,其余子弟,不过长揖,诸妇并同。

四十四、内外最宜严肃,男仆奉主人呼唤人内,供役事毕即退,见灯不许入内室"娴家僮僕至,除传视问安外,妇人不许接谈。

四十五、女子小人,最能翻斗是非,若非高明,鲜有不遭其聋瞽者,切不可纵其往来,一或不察,为祸不浅。

四十六、三姑六婆概不许入门,其有妇女妄听邪说,引人内室者,罪其家长。

四十七、妇女宜恪守家规,一切看牌嬉戏之具,宜严禁之,违者罪家长。

四十八、侧室称呼及一应行坐之礼,不得与正室并。

四十九、遇疾病当请良医调治,不得令僧道设建坛场,祈禳秘祝,其有不遵约束者,众叱之仍削除本年祭胙一次。

五十、子孙有妻子者,不得便置侧室,以乱上下之分违者责之,若年四十无子者,许置一人,不得与公堂坐。

五十一、子弟年十五以上,许行冠礼,须能诵习讲解,醇谨有度者方可行之"否则迟之。弟若先能,则先冠以愧之。

五十二、子弟当冠,须延有德之宾,庶可责以成人之道"其仪式尽遵文公《家礼》。

五十三、子弟已冠而习学者,须沉潜好学,务令所习精进,有日异而月不同之趣。若因循怠惰,幼志不除,则去其帽如未冠时,通则复之。

五十四、女子年及笄者，母为选宾行礼。

五十五、婚姻乃人道之本，俗情恶态，相沿不改，至亲迎、醮啐、奠雁、授绥之礼，人多违之。今一去时俗之习其仪悉遵文公《家礼》。

五十六、婚姻必须择温良有家法者，不可慕富贵以亏择配之义，其豪强逆乱、世有恶疾者，不可与议。

五十七、新妇入门合卺，本家须烦持重者襄礼，照所定仪节举行，一切亲疏长幼，不得效恶。俗入房要闹，违即群叱之。

五十八、男女聘定仪物，虽贫富不同，然富者亦自有品节限制，用色缯多不踰十。或仪代、或花、或果饼钗钏之类，亦随时不得过侈，其贫者量力而行，至遗女粧奁，富者不得过费，以长骄奢，贫者则荆钗裙布可也。

五十九、丧礼久废，多惑于佛老之说，今皆绝之，其仪式悉遵文公《家礼》。

六十、子孙临丧，当务尽礼，不得惑于阴阳，非礼拘忌，以乖大义。

六十一、丧事不得用乐，不得饮酒食肉，违者不孝。

六十二、族有丧，众当哭临，至戚七日，其次五日，疏属三日，于尊长四拜，平辈再拜，卑幼揖之，其有孝子顺孙、义夫节妇，为名教所重，人望所推者，及登仕籍者，均异数加敬焉。

六十三、丧礼凡有赐吊，悉用素肴相款，出吊于人，亦茹素致哀，不得自处不义、陷人于恶。

六十四、祭礼并遵文公家式，只用素帛明洁，时俗所用纸钱锡箔之类，悉行屏绝，丧礼吊奠，亦只用香烛纸帛，毋杂冥宝经文。

六十五、冬至专祭始迁祖荣七公考妣，不别奉配，以隆特享。

六十六、吾家立春之祭，其正享配享，皆效仿郑氏《家规》审慎斟酌而后定，非一人创见，亦非一时私意为之，后人当谨守而毋忽焉。

六十七、立春祭后一日，以祖考贤良作宰，用设敬老育贤之席，以夫人贞节起家，用颁胙于族之孀妇。褒既往，劝将来，寓意甚深，后人当世守之。

六十八、时祭之外，不得妄祀徼福，凡遇忌辰，孝子当用素衣致祭，不作佛事，象钱寓马，亦并绝之，是日不得饮酒食肉听乐，夜则出宿于外。

六十九、各支高曾祖考，时祭当遵礼于四仲月举行，务在各致追远之诚，至馔之丰约，称力而设，不能拘也。

七十、季秋祭祢，感成物之始而报本也。竭力尽诚，是在孝子。

七十一、忌日之祭，只祭考妣，只设一位，实得礼意，不必援及高曾。但高曾时祭，务须及时举行，不得怠缓。

七十二、各支高曾祖考，义当奉祀。高祖而上，亲尽则祧，当遵礼永守无背。

七十三、枝下升庙，须遵式制，木主不得考妣并椟，不得单用白主，以作神羞。

七十四、祠堂祭毕,燕胙照昭穆次序坐定,司年家于尊长前奉爵斟酒以致敬。如尊长未到,卑幼不得先坐,或尊长已坐,其次尊长有事后到,弟侄辈皆起立,不得箕踞不顾,致乖长幼之序。

七十五、岁暮祀灶,各家具牲醴迎神,祭于厅事。

七十六、五土五谷之神,春秋社日率族众致祭,祭毕饮社酒,先令子弟宣扬劝惩训辞,然后就席,不得免冠露体,不得长幼无序。

七十七、乡厉定于清明日及十月朔日,率族众于祠堂大门前祀之。

七十八、族讲定于四仲月择日行之,先释菜,后开讲,族之长幼俱宜赴祠肃听,不得喧哗。其塾讲有实心正学,则于朔望日,二三同志虚心商兑体验,庶有实得。

七十九、先圣释菜礼除族讲外,凡童子入塾首春,塾师开馆及仕进皆行之,不得怠忽。

八十、祭灶、祀社、乡厉外,不得妄举淫祀,违者罚之。

附件二：万历休宁茗洲吴氏宗族家规[1]

一、吉礼

元日参：家礼，正至朔望，则参尚矣。但元日之参，献岁发春，非朔望比。是日，族男子吉服登堂上，礼拜天地；次登祠楼，谒祖考毕，复至堂上，卑者、幼者举榻拂席，揖族之尊者而跻之上位，乃退。而以次行拜礼毕，则序坐。推族彦，奉圣谕族约，宣示族属，以之更始。中有不遵条约、纵恶不改者，是日，父老面叱戒。如三犯者，竟斥之，不许登堂，不得与会。如遇族中有大议，间有故意拗众绞群无状、不逊恃强梗败坏例约者，罚银贰两，入聚筐，族众于堂上仍鸣鼓群叱之。

初冠则谒长族于厅事。冠礼废已久，族男子冠之日，当请族之长、族之先进至堂上，行一长揖礼。未有字者，即字之。冠者有输背，例纳钱叁分，随贮入众笑。

昏则委禽：新妇入门，内族男子吉服，具仪往贺之具仪壹钱。婿则贰陪之以覆复银叁钱，收贮入众筐。

初许聘：亦告于族，凡族人许聘女，其婿家送公堂花果仪，则收贮入笑，公堂花果银共伍钱，外鼓乐之需叁钱听。其家若用鼓乐，即搞乐人。如不用乐，亦听其昔省。聘书出门，族长暨诸男子皆以吉服送。许聘之家送来酒撰，随设席邀请族之长及送书者饮。

初许聘，亦告于族。凡族人许聘女，其婿家送公堂花果，仪则收贮入筐共银五钱，外鼓乐叁钱用否，听其家聘书。出门，族长暨诸男子皆以吉归送。许聘之家以婿家送来酒撰，随丰俭设席邀请族之长及送书者饮。

遣女：族人遣女，婿家送公堂礼，视旧例壹两，即收贮入筐。族男妇送嫁，须吉服。遣女之家以婿家送来酒撰，如许聘时，邀请送嫁者会饮。

降诞日：称筋于堂。族男子年三十及四十岁者，有输货例三十者输银壹钱，四十者输银贰钱，自五旬已上以至百岁者，其所输之货，当与寿等。如五旬者出银五钱，六旬者陆钱，七旬者柒钱，八旬者捌钱，九旬者玖钱，百岁者壹两。视其年高下而轻重之掌。岁办之家，则具筋碱率族之众，吉服登堂，称筋祝贺。其寿者所应输之货，随付众入笑。族之妇自三旬以上者，所输背，视男子等递减其半。

---

[1] 万历休宁《茗洲吴氏家记》卷七《家典记》. 抄本. 藏日本东京大学.

生男：族生男，当依造屋丁银则纳于众，但间有赢窘不一，今酌议已减其四矣。造屋，每丁银柒钱，今每生子银叁钱。当于三日内即入筐。

二、丧礼

吊丧：属临吊三日，戚属七日。三日之外，择日而殡。吊日，族男妇黎明须栉洗，素冠服临吊，晚如之。

送殡：阖族素冠服礼服，祖道奠礼。

三、祭礼

三元祭、岁除祭：祭之日，首事者悼旦趣办，促行礼，不可过亭午，其品物亦须精洁如式。族子孙俱青服鞋袜以临祭，违者罚罚银壹分；故不出与祭者罚罚银贰分。如先一日出家及老耄病甚者，不以此论。

忌日之祭，须于正寝或祠楼下设奠位，不可于楼上两掖间苟且完事，以为高曾祖考澳。

春正月廿日，有天穿之节，沽扫灶突，而祝灶神于寝楼。

春秋祈社：先祭而后专社。旧分两社，其事宜俱详见《两社薄碟》中。如族人一应应输银数，今一并入众筐，不许两社复有征取。

腊月廿四日夜，礼谢神帅如旧例。

四、岁办

清明：祖墓共四处，取众堂银，买办物品，先一日挂拜。有彩县祖墓，亦当立常储，每年二人往挂漂，庶日后不至失业，且亦为子孙者尊祖之一念也。

支年：以近年新立例为率，倘不满其数，掌岁办之家补出。其赐佃仆藏获之探腐肉内，亦须斤两各如数，探样腐片须大且厚，有旧式。违者罚罚银伍分，入众筐。

五、条约

圣谕六条：孝顺父母，尊敬长上，和睦乡里，教训子孙，各安生理，毋作非为。

别尊卑：吾族一门，生聚颇蕃。然服属则戚，比来以幼犯长、以卑抗尊，甚至有反唇相稽、拳殴相加者，此与蛮夷鹿兽何异？今后有此者，众罚之，酌其情之轻重，以示罚自一钱起至三两止，仍责令赔礼服罪。倘有户婚田土，事不得已，尊长不恤，以至抱屈，亦当请享族长，以分曲直，亦毋得愤激，轻自犯逆。如族长不能平决，然后听闻之官，可也。

别内外：族以私居舍不便，诸族子及邻家子、佃仆有事关白，不免直入房舍内，殊为燕衰澳。然不知随处皆有内外，以厅宇私舍言之，厅宇为外，私舍为内；以私舍言之，门阁之外为外，阁之内为内。自今族男子毋许进族妇房阁内，叔毋得进嫂房阁内，侄毋得进伯叔母阁内。有事或相接关白，则于门阁外候立白事。诸子孙违者，罚银叁分。

严坐立：吾族自条约不明，诸坐立趋跄之节置之不讲，有父立而子坐、兄后而弟先、伯叔疾而侄随相与狎，习以为恒常，以为当然，颇不知怪。在父兄亦隐忍受之，亦不知较。少有言者，则出诮詈语以抵，此极敝俗也。诸垂髫幼者，见一事则攘臂越前，袒裼环视，虽宾客在前，按臂拍肩，不知趋揖，不知让避，不衣不袴，不鞋不袜，露体环拥，岂成冠冕之族？今后诸子侄先坐者，见父兄伯叔至，则起立，待父兄伯叔坐，然后异席坐，亦不可为箕踞状。诸垂髫者见宾客至，须衣鞋前揖，否则避去，不可露体短褐、柱倚壁闱，自甘如仆隶之流。违者，众叱之。

辨服色：吾族一门出入，不免庆吊相随。倘有吉庆事，诸男妇须皆吉服作贺。有父母重服者，回避不贺可也。如逢伯叔至亲，则暂换吉服往贺，亦不为过。至作吊送殡，须要素布直身整敕，不可于服色间将就，以致礼节凌替者。其孝子、孝孙、孝侄子等亦当如礼，制衰服，不可蔑忽。至请族人行殡祭礼，亦当素布直身海青。

敦族好：族自七公以来，惟以积善敦义见称，未尝徼讦自善、搆衅生隙如胡越。今当愈讲世德，益敦族义，遵条约行之，不患族之不昌大也。

寝外侮：外侮之来，自我始之。由小隙以成巨衅，微不谨，以至大不可救，比比皆然，不可不慎也。倘有事系族众，有关祖宗纲纪，义不容己者，须协力御之，毋得推托不理。其或悻悻斗狠，以取尤衅，虽关于众，亦不可助长以济暴也。

勒妇德：族妇往往有不肯整饰裳裙，闲嬉堂前、沿坐间路，以至男尊长不能取道来往者，甚至以狂言抵触族之尊长者。今后有此妇，则责坐于夫；母则责坐于子，使置回避。其触犯长上，则酌轻重行罚，以示惩戒。

重励恤：族中有孝子、顺孙、义夫、节妇，家不给者，取众堂生贩银息，量加赈助。

谨婚聘：婚配不在财富，须择门楣相对之家。如或素无姻娅，一旦轻与婚聘，门第不对，乡鄙诟笑。是人自以奴隶待其身，以卑下待其子，我族即不当与之并齿，生不许入堂，死不许入祠。

戒靡费：我族喜搬演戏文，不免时屈举赢，诚为靡费。自今惟禁园笋并保禾苗及酬愿等戏，则听演，余自寿诞戏尽革去，只照新例出银，以备常储，实为不赀。其视艳一晚之观，而无济于日用者，孰损孰益，必有能辨之。

戒禽兽行：淫纵所为，古人自为禽兽行，诚然矣。有犯此者，访出当以官法重典治之。然于男则责坐父母，妇则择坐舅姑，或议罚或议罪，决不当轻恕，以至败坏伦俗也。

戒赌博：博弈之类，或春间暇日，适情可也。但以此行赌，不免长争斗风，戒之。

戒竞讼：族雅以长厚名，戚属有是非，只于族长白之，毋得径恃健兴讼。

送房饮：婚娶之家，如旧例具常馔，设席邀族中诸男子、少年者，尽欢而饮，毕则送婿入内舍，行卺礼。婿妇交拜毕，惟撒帐而已，外此一切鄙野夷俗，如抱朴子所言戏妇之法，问以丑言，责以慢对，尽革去。犯则罚罚银壹钱，入众篚。其茶果仍听如前例折一半，折银贰钱四分，至拜堂日付出，入众篚。

庆贺饮：诸寿诞之家，既如例输赀入众篚，则置酒聚族合欢，其席亦听为厚薄可也。

丧事饮：照旧例饮。

一、仕进：族有初进学者，众具贺仪伍钱，为衣巾之助。其进学者，二倍之以覆壹两伍钱，入众。有中举者，输拾伍两。中进士者，输叁拾两。岁贡纳纳粟出仕者，输银柒两。有吏员出仕者，输银伍两。

一、预借：众堂之贮，已入两社者，不复究矣。今新立贮法，设无少钱，母不能以生子钱息也，酌议预借，族人量力应出，俾日后遇喜庆诞子事例，照数扣消。然只听本银算除，不许算加利息消扣。

一、生贮：生贮计帐，管年房首掌之，仍请族贤能二人兼掌。或借出或收入，俱三面对众出纳，必着实当头，方可券借。至岁除大祭日，将银帐交割下轮管年之家，已毕，方可与祭。如不交割明白，不许举祭，坐在首家赔赃，仍置锁四把，各房承管一把。其交替之时，并帐目物件，取具收领一纸，递年约。仍外置簿四扇，每房各置一扇，依时各各明注出纳，备参照。其银匣须寄房屋坚固有殷实之家。

一、厅宇：管年之家，十日一洒扫。有坏漏处，将公堂银依时修缮，虽时时暂有费，然费少而实宁永也。祠楼下左右毋许诸妇经布，其匠人、经布、杂作使用，听之，但不许租用桌凳。其门阑屋前庭墀，不许晒谷、曬苎浆线，放猪于内。违者，罚罚米三升。

一、什器：众堂桌椅、器物、门扇之类，只于厅堂备用，毋许擅移出堂外入私舍。违者，罚每一件罚银壹钱入篚。其各门门钥，俱管年之家承管。所众器物，岁暮上轮下接，交替之时，取具收领一纸。如有损坏遗失，责令年首修赔。

一、佃仆：毋许私将出卖他姓，以致败坏体统，启生讼端。有违此者，罚罚银壹两，仍责令赎还。

一、祖墓：祖墓不许侵葬、盗卖，祖宗自有合同文书，遵守毋违。

一、众产：众产有私自盗卖者，罚罚银壹两入篚，仍责令赎还。

一、众券：族人有领收契文者，俱尽检出，贮入众篚内，仍立券票五张，各房收执一张，以防参阅。

一、衮户：

一、贺仪：族人凡遇吉庆事，年首备果盒，率众往贺。其本家照前例应出银数，三日内，同众果盒回送堂中，当即入匣。如无银，即付首饰、布匹加倍，当头付众入匣，照例逐日起息毋词。其应出银，俱并点九五银色。

一、荫木：本族前后山竹木并水口中洲墩上杨木等柴，往往有毁害者。今后倘访获，砍木竹一根者，罚罚银壹两；损枝枒者，罚罚银壹钱，不可轻恕。

附件三：文堂乡约家法[1]

文堂陈氏乡约序

乡必有约乎？其初不可有也。乡可无约乎？其季不可无也。

自其初也，民俗尚淳，如玉藏璞，何容于约？追其季也，民伪日滋，如水走下，何容于无约？

无约而至于有约，则其俗浇漓矣；宜约而终于无约，则其弊不可返矣。防其后，所以复其初，则有约者又所以还无约之渐也。故曰：不可以无约。

予族之初，约未有也。迩惟生齿繁彩，风习浇讹，至以古圣贤之道为姗笑者，十人而九矣。诸父老方虑其溃而莫或陡之。乡约之举，盖将约一乡之人同归于善，不抵于恶；同趋于利，不罹于害。而参差不齐，龃龉不合，非资之官，莫可通行也。爰复请于邑父母廖侯。侯曰："嘻，奚舍一乡哉，虽以之式通邑可也！"惟阖族遵依，归而月朔群子姓于祠，先圣训以约之尊，次讲演以约之信，次之歌咏以约之性情，又次之揖让以约其步趋。不知孝顺尊敬者，约之孝顺尊敬；不知和睦教训者，约之和睦教训；不知安生理毋作非为者，约之使其安生理毋作非为。雍雍肃肃，凝凝循循，恍若履勋华之庭，陪沫洒之席，而太和元气溢人之心目矣。于戏兹约，非仿古乡三物教万民之遗意耶；譬之食，即称稻粱获粱也；譬之途，即周行通衢也。族之人间有阳借其名而实则背之者，是之谓乱约；心知其是而口故管之者，是谓之侮约；疾其不便己私而阴欲坏之者，是谓之蛊约。乱那，侮那，蛊那，类皆弃稻粱获粱而嗜鸡酒，舍周行通衢而投荆棘也，人必笑其愚矣。惟由兹幸始，无众寡、无强弱、无长幼、无贤不肖。青疏茫而心澡雪、而精神倍击、而智宜然。惟约是率，则渐磨沦洽，甄冶陶熔。由约、约以底于忌，约将举，予族而跻之葛天，无怀之乡不难矣，何驯稚弃鱼之足云乎！

良晚学何幸与游于彝训、际明有司之庞泽，乐贤父母之彬彬也。敢拜首数语，用扬休光。

隆庆壬申岁中秋陈明良君弼书于梅关草阁

崇祯元年，文堂置。

---

[1] 明隆庆六年刻本. 原书藏安徽省图书馆.

文堂乡约序

昔周盛时,先王建官立师,以乡三物教万民。故官居野处,化行俗美,蔼然在成周间矣。追我太祖高皇帝混一区宇,廓清夷风,以六言青训于天下。为民有父母也,故教以孝;为民有长上也故教以弟;为民有乡里也。

教之以安生理、毋作非为故教以和睦;为民有子姓也,故教以学校。以至不安生理而作非为者,终焉俨然先王三物之遗意也。惟我陈人是训是凭,通推族繁人衍,贤愚弗齐,父老有忧之。皇帝六年春,适邑侯衡南廖公来莅兹土,民被其化,咸图自新。于是,遵圣训以立乡约,时会聚以一人心。行之期年,善者以劝,恶者以惩,人之惕然以思,沛然以日趋于善者,皆廖侯之功也。愿我族人同替厥初,躬行不惰,则民行一、风俗同,太和之休不在于周,而在于今日矣。上不负圣王垂训立教之意,下不辜乡人嘉会之盛,义亦重矣,聚亦乐矣。吾党之士,其相与世讲之。

隆庆六年壬申岁仲秋之吉龙冈陈征拜书

文堂乡约叙

陈昭祥曰:为政者尚三代。盖尝考之矣,三代之政,明伦之学,人伦明于上,小民亲于下,教学之术然也。秦汉以来,性学不讲,功利之毒炽于天下,秉彝好德之良,不足以胜,其也时习尚之病,而明伦之教遂正矣。明伦之教正,而学人得其门者或真矣。教学正而斯民之先,其恒心矣久也。

以是而欲望三代之治,坪三代之民,难矣哉。惟我太祖高皇帝降圣德于我兆民,以六音垂训于天下,天下之大,元元之众,奉之如神明,信之如耆龟,尊之如六经,大哉,王言盖庶几三代帝王典章矣!

去圣既远,微音日湮,穷荒僻壤之氓,庸有暴弃于彝训者。

惟我文堂陈氏,自唐季居是土,俗尚简朴,颇近淳庞。迩惟斯文中替,豪杰不生,氏族既繁,风习日纪。有志之士,思欲起而易之,盖三叹三已矣。兹幸父老动念,欲议复古乡约法一新之,属昭祥与弟侄辈商其条款,酌其事宜,定之以仪节,参之以演义,乐之以乐章,以复于诸父老。父老咸是其议,因以请于邑父母廖侯,侯复作成之。行之数月,盖帖焉信,释焉以和,熙熙焉而不知谁之为之。福弟伟弟之福,和睦乡里之福,安生理而毋作非为,其亦自求其多福而已矣。惟我族人,永言配命,始终不违。以青游于太平之杰,沐皇风之盛,以无愧于三代。于变归极之民,不其幸软,不其幸软!

爱相与谋,馊之梓,以布于乡人,以便朝夕观省,以惕厥恒心焉。

隆庆六年壬申中秋陈昭祥少明谨书。

文堂乡约家法序

　　语曰：蓬麻自直，谅哉！祁门之西乡，文堂陈氏世居之，编里二十，为户二百有奇，口数千。鼎立约会，则自今兹始，惟天墉民，惟辟奉天，牧尹正长，皆辟职之分也。《周礼·六官》政刑之典，咸曰教万民有时，会以发其禁，令卿大夫以岁、州长以季、党正以月，创非故劳治教、忧其民风，导伴善，不已勤乎！周之东尼圣犹观于乡，而曰王道易，易三代尚矣。汉三老五更孝弟力田名称，俱古先典制遗意。夫春阳化生，风行披靡，其机然也。政体风俗，固国保家，令图也。有殷以流风遗俗不泯，虽易世改命，宁为顽民而不能迁释，酝酿渐剧之久，学历名教节义禽然成风。两汉改俗，何可以少诸，此凡效先正德之明效也。

　　国朝每岁有学宫及乡社二会，王制俱存，司牧者因羊稽典广意，隆古可复矣。夫是称师帅，王制行，则立教在上；王制熄，则思治在下。若宋蓝田吕氏乡约，今正德仇氏家范，则希世之徽音振，古之英贤所为也。此阅世君子重有感于古今之故愚哲之分欤！夫治讼比征，为政之目也。刑以弼教，教之不立，将焉用弼？与其事事而正之，孰若握其枢而动之？方且营营役役，日与讼民遴争，拂尘堂除，日复月转，此何重与于理乱之数？无礼不学，贱民丛兴，讼繁赋逋，日不暇给，则政本不立之过也。程书期会，此尤其良者，下是无足算矣。彼其瞢于风教，视先王之制，犹土梗然，且执其偏词，云：法之行，奸徒生，何不察尔也，何法不敝？贤者行之，则敝去化行，虽蛊元亨，矧曰王制。诗曰：顾瞻周道，中心切从。尼师曰：大道之行，三代之英，丘有志焉。何思深言切尔矣？

　　予闻文堂陈氏，风俗敦醇，近不若昔，父老有忧焉。仿行吕、仇遗轨，呈于官。邑伯衡南廖公梦衡嘉之曰：庶其阖族行之，将以式通邑，日复振德，教思无斁，其志尼师之志而举行成周卿大夫之志者乎？既数月，四经骎骎行，而滥觞则文堂始。大夫锡极，士庶锡保极，可以风四方矣。闻恶其仿已者怨诅，谓约行今盗息讼简，官衙无事事，公其勿恤。陈氏父老子弟为善，幸有怙恃，其无恐。原事始，则陈子少明昭祥与其弟光遟、履祥及阖族之同志士人，行所闻王、湛二先生之学，孚其乡之父老。夫仁贤，乡邦之福曜也。予因验治道在正俗，正俗在君子与学人及耆老成人，愿少明始终典于学。若夫行约，则请玩大易之蒙爻，于乎艰哉！惟钦以是弁其端。

隆庆六年壬申九月之吉

前赐进士及第通议大夫副都御史巡抚江西提督汀赣军务郡人周潭汪尚宁拜撰。

会仪：

　　会日，管会之家先期设圣谕牌位于堂上，设香案于庭中，同约人如期毕至，升堂。端肃班立，东西相向，如坐图。赞者唱，排班，以次北面序立。班齐宣圣谕。司讲出位，南面朗宣太祖高皇帝圣谕：孝顺父母，尊敬长上，和睦乡里，教训子孙，各安生理，毋作非为。宣毕，退，就位。

赞者唱，鞠躬拜兴，凡五拜，三叩头，平身，分班，少者出排班，北面揖。平身，退班，以次出排班，北面揖毕，圆揖，各就坐。坐定，歌生进班，依次序立庭中或阶下，揖，平身，分班分立两行，设讲案，悬案于庭中，鸣讲鼓，击木铎一度，击鼓五唱声，司讲者进讲，讲者出位就案肃立，皆兴。揖，平身，讲者北向揖，诸不答，宣讲圣谕，或随演一二条或读约十余款，宣毕，揖，平身，讲者退就位，皆坐。升歌，司鼓钟者个击三声，歌生班首唱诗歌孝顺之首章。歌毕，复击鼓磬各三声，乡人有公私事故，本人当于此时出班，北面陈说，从容言毕，复就位。进茶，具茶进毕，皆兴，圆揖，平身，礼毕，先长者出，以次相继，鱼贯而出。

会诫：

一每会立约，会众升堂，随各拱手班坐，且勿乱揖，起止失仪。俟齐集拜圣谕毕，然后依会仪相揖，各就坐，肃静听讲。

一乡约大意，惟以劝善习礼为重，不许挟仇报复，假公济私，顽亵圣谕。间有利害切己，或事系纲纪，所当禀众者，俟讲约毕，本人出席，北面拱立，从容陈说，毋许躁暴喧嚷。礼毕后，在随托约众议处。处讫，俟再会日，约正、副以所处事白于众通知。

一立约本欲人人同归于善，趋利避害，在父兄岂不欲多贤子弟？在贤达岂不欲其身为端人正士？凡各户，除显恶大憝、众所难容者，自宜回避，不得与会。若以往小过，冀其自新，皆得与会书名，其余各分下子姓，不问长幼，苟肯赴会，即是向上人品。古云：子孙才，族将大，于吾陈氏，重有望也。

一每会，各户约正、约副，早晨率分下子姓，衣冠临约所，毋许先后不齐，亵服苟简，以负远迩观望。若各户下有经年不赴约及会簿无名者，即为梗化顽民，众共弃之，即有变患之加，亦置不理。

一约所立纪善、纪恶簿二扇，会日，共同商榷，有善者即时登簿，有过者初会姑容，以后仍不悛者，书之。若有恃顽抗法、当会呈凶、不遵约束者，即是侮慢圣谕，沮善济恶，莫此为甚，登时书簿，以纪其恶。如更不服，遵廖侯批谕，家长送究。

一每输会之家，酌立纠仪二人，司察威仪动静，一成礼节，庶不失大家规矩。

文堂陈氏乡约：

惟吾文堂陈氏，承始祖百三公以来，遵守朝廷法度、祖宗家训，节立义约，颇近淳庞。迩来人繁约解，俗渐浇漓，或败度败礼者有之，逾节凌分者有之，甚至为奸为盗、丧身亡家者有之。以故是非混淆，人无劝惩，上贻官长之忧，下致良民之苦，实为乡里痛惜者也。兹幸我邑父母廖侯莅任，新政清明，民思向化，爰聚通族父老会议闻官，请申禁约，严定规条，俾子姓有所凭依，庶官刑不犯、家法不坠，或为一乡之善俗，未可知也。自约之后，凡我子姓，各宜遵守,毋得故违。如有犯者,定依条款罚赎施行,其永毋怠。

一每月议行乡约家会,将本宗一十七甲排年,分贴为十二轮,以周一年只会。户大人众者,自管一轮;户小人少者,取便并管一轮。每会以月朔为期,惟正月改至望日。值轮之家预设圣谕屏、香案于祠堂。至日侵晨,鸣锣约聚,各户长率子弟衣冠齐诣会所,限于辰时毕至。非病患、事故、远出,毋得偷怠因循不至。其会膳只用点心,毋许糜费无节,以致难继。

一每户立定户长,以为会宗,以主各户事故。或会宗多有年高难任事者,择年稍长有行检者为约正,又次年壮贤能者为约副,相与权宜议事。在约正、副既为众所推举,则虽无一命之尊,而有帅人之责。首自为恶,而责人之无恶,自为不善,而喻人以善,谁则听之?故当惇明礼义,以表率乡曲,不可斯须陷于非礼、非义,以自坏家法,以为众人口实。

一约正、副凡遇约中有某事,不拘常期,相率赴祠堂议处,务在公心直道,得其曲直。一有阿纵徇私,非惟不能谕止,是又与于不仁之甚者。

一每会行礼后,长幼齐坐,晓令各户子姓各寻生业,毋得群居、博弈、燕游,费时失事,渐至家业凌替,甚至乖逆、非为等情。本户内指名禀众,互相劝戒,务期自新。如三犯不悛,里排公同呈治。

一本宗新正拜奠仪节,悉依定式,毋许繁简不一,乖乱礼文。各户斯文互相赞行,无分彼此形骸。凡有奸盗诈伪、败坏家法、众所通知者,公举逐出祠外,不许混入拜祭,玷辱先灵。

一各处祖坟,为首人须约聚斯文,如礼祭扫。遇有崩坏堆塞,即时修理,毋得因循。

一为子孙有忤犯其父母、祖父母者,有缺其奉养者,有怨詈者,本家约正、副会同诸约正、副正言谕之。不悛,即书于纪恶簿,生则不许入会,死则不许入祠。

一子弟凡遇长上,必整肃衣冠,接遇于礼,毋得苟简土揖而已。间有傲慢不逊、凌犯长上者,本家约正、副理谕之。不悛,告诸约正、副正之。[再]不悛,书于纪过簿,终身不许入会。

一亲丧,人子大事,当悉如文公家礼仪节襄事,不得信用浮屠,以辱亲于非礼,以自底于不孝。尤不得拘忌地理外家之说,以致长年暴露。

一古者,丧家三日不举火,亲朋裹粮赴吊。今后有丧之家,不得具陈酒馔,处人以非礼。

一时祭、忌祭,子孙继养之至情,当诚敬斋戒以从事,不得视为泛常,苟简亵渎。

一各家男女须要有别,有等不学子弟结交群饮,往来闺阃,诸大不讳皆由此起。如有犯伦败俗、显迹可恶者,从公照律惩治,毋得容恕。

一本宗子妇,有能砥砺名节者,临会时,公同造门奖劝,里排斯文仍行报官,申请旌奖,以为祖宗之光。

一本宗每年钱粮官事,多因过期不纳,取恶官府,贻累见役,殊非美俗。今后,凡遇上纳之类,俱于会所的议定期,毋仍拖延,以致差人下扰。

一凡境内或有盗贼生发,该里捕捉既获,须是邀同排年,斟酌善恶。如果素行不端,送官惩治,毋得挟仇报复,骗财卖放,或令既时自尽,免玷宗声。如果素善,妄被仇扳,里排公同保结,毋令枉受飞诬。

一各户或有争竞事故,先须报明本户约正、副理论。如不听,然后具报众约正、副,秉公和释,不得辄讼公庭,伤和破家。若有恃其才力,强梗不遵理处者,本户长转呈究治。

一妇人有骗纵,动以自缢、投水唏人致死者,置弗问。如母家非礼索骗,约正、副直之实,受冤屈致死者,与之议处;其女子出嫁,有受冤屈致死者,约正、副亦与议处。如以不才唏挟死者,置弗问。

一本里宅墓、来龙、朝山、水口皆祖宗血脉,山川形胜所关。各家宜戒谕长养林木,以卫形胜,毋得泥为己业,掘损盗砍。犯者,公同众罚理治。

一本里岁有九日神会,以报公德,西峰清净之神,安有受人非礼之享。赛棚斗戏,启衅招祸,覆辙相循,昭然可鉴。况值公私交迫,何堪浪费钱帛?风景萧条,有何可乐?自今宜痛革陋习,毋仍迷惑。管年之家,须以礼祭奠,庶不致渎神耗财,渐臻富厚矣。

一各户祖坟山场、祭祀田租,须严守旧约,毋得因贫变卖,以致祭享废缺。如违,各户长即行告理,准不孝论无词。

一本都远近山场,载植松杉竹木,毋许盗砍盗卖,诸凡樵采人止取杂木。如违,鸣众究治。

一乡族凡充里役者,须勤慎公正,以上趋事官长,以下体恤小民,不得违慢误事、挟势诓骗,以自取罪戾。

一本都乡约,除排年户众遵依外,仍各处小户散居山谷,不无分外作恶、窝盗、放火、偷木、打禾、拖租等情。今将各地方佃户编立甲长,该甲人丁许令甲长约束。每月朔,各甲长侵晨赴约所,报地方安否何如。如本甲有事,甲长隐情不报,即系受财卖法,禀众重究。每朔日,甲长一名不到者,公同酌罚不恕。

隆庆六年正月初四日同立乡约人　陈德信
陈佛善　陈益顺　陈　胜　陈　訢　陈秉彝　陈时泰
陈　谊　陈　毂　陈　让　陈　认　陈　敞　陈　璠
陈显通　陈圣通　陈　崧　陈积玉　陈德洪　陈神祐
陈奇麟　陈神惠　陈德学　陈　设　陈正和　陈中用
一约正副
陈祐祥　陈　源　陈　胜　陈　訢　陈　敞　陈　諲　陈　崧
陈圣通　陈　诚　陈　彦　陈天生　陈伯祥　陈冬生　陈　易
陈积玉　陈德洪　陈神祐　陈玉锦　陈重器　陈　设　陈国删
陈鹏瑞　陈尧瑞　陈　昮　陈　昇　陈　昇　陈德器　陈显秀

一约赞

陈昭祥　陈履祥　陈元祥　陈淑祥　陈国器　陈汝霖　陈明良

一首人

陈　调　陈迟器

今将阄得各轮管会次序,定列开于后:

一轮陈时泰,二轮陈德洪、陈神惠,三轮陈益顺,四轮陈谷,五轮陈訢、陈谊、陈神祐,六轮陈秉彝,七轮陈积玉、陈胜、陈奇麟、陈正和,八轮陈圣通、陈设,九轮陈让、陈认、陈崧;十轮陈佛善、陈敞、陈德学,十一轮陈显通、陈璠,十二轮陈德信。

每年照此阄定,依序循环,毋得慢期废会。如违,通众鸣官惩究,仍依此序。

圣谕演附:

孝顺父母条

人世间,谁不由父母,亦谁不晓得孝顺父母。孟子曰:孩提之童,无不知爱其亲者。是说人初生之时,百事不知,而个个会争着父母抱养,顷刻也离不得。盖由此身原系父母一体分下,形虽有二,气血只是一个,喘息呼吸无不相通。况父母未曾有子,求天告地,日夜皇皇,一遇有孕,父母百般护持,母受万般辛苦。十月将临,分胎之际,死隔一尘。及得一子入怀,便如获个至宝,稍有疾病,心肠如割。见子能言能走,便欢喜不胜。人子爱亲之恩,真是罔极无比。故曰:父即天,母即地。人若不知孝顺,便是逆了天地,绝了根本,岂有人逆天地、树木绝了根本,而能复生者哉?故凡为人子者,当常如幼年时,一心恋恋,生怕离了父母。冬温而夏清,昏定而辰省,出则必告,反则必面,远游则必有方。又要常如幼年时,一心嬉嬉,生怕恼了父母,好衣与穿,好饭与吃,好屋与住,好兄弟姊妹,同时过活。又要常如幼年时,一心争气,生怕羞辱了父母。读书发愤,中举做好官;治家发愤,生殖置好产业。间或命运不扶,亦小心安分,啜菽饮水,也尽其欢,也留个好名声在世上。凡此许多孝顺,皆只要不失了原日孩提一念,良心便用之不尽。即如树木,只培养那个下地的些种子,后日千枝万叶,千花百果,都从那个果子仁儿发出来。

尊敬长上条

夫长上或是府县官司,或是家庭祖宗、伯叔哥哥,或是外面亲戚、朋友、前辈,皆所当尊敬者也。然孟子说,孩提稍长,无不知敬其兄,亦是他良心明白,知得个次序,自不敢乱去干犯。今日也,只要依着那个幼年不敢干犯哥哥的心,谨慎将去,莫着那世习粗暴之气染坏,则遇着官府,逢见宾客,其分愈尊,则其心愈敬。如竹之节,如树之枝,从下至上,等级森然,岂又有毫发僭差也哉!况天地生人,代催一代,做子未了,就做人父母;做弟未了,就做人哥哥。自己所行,别人看样。古人说,愿新妇他日儿孙亦如新妇今日孝敬。彼是妇人,且能如此,我等做大丈夫者,又何作不孝不弟样子,而使子孙效法,受善终身,贻笑后世也哉!

129

和睦乡里条

人禀天地太和之气,故天地以生物为心,人亦以同生为美。张子西铭说道:民,吾同胞;物,吾同与。盖同是乾坤父母一气生养出来,自然休戚相关,即如践伤一个鸡雏,折残一朵花枝,便勃然动色。物产且然,而况同类为民乎?民已不忍,又况同居一处,而为乡里之人乎?夫乡里之人,朝夕相见,出入相友,守望相助,内如妇女妯娌相与,幼如童稚侪辈相嬉,年时节序,酒食相征,逐其和好,亦是自然的本心,不加勉强而然。但人家偶因界畔田地、借换财物、迎接往来,稍稍相失,便有怀恨争斗,或官司牢狱,必欲置之死地。殊不知天道好环,人乖致异,我害乡里之人,乡里之人亦将害我。怨业相报,辄至身亡家破,犹不自省。孟子说得好:爱人不亲反其仁,礼人不答反其敬。今只自反踏一只鸡雏,折残一朵花枝,尚心不忍,岂可以同居之人下此毒手?此意一回,则不爱的人也爱他,不敬的人也敬他。至再至三,虽铁石人也化过来爱我、敬我。尽一乡之人,如一母所生,自然灾害不生,外侮不入,家安人吉,物阜财丰,同享太平之福于无穷矣。

教训子孙条

以上孝顺父母、和睦乡里之事,既知自尽,又当以之教训子孙。盖我的父母即子的祖、孙的曾祖,我的兄弟即是子的伯叔、孙的叔伯祖,我今日乡里即是子孙他日同居之人。一时易过,百世无穷。既好了目前,也思子孙长久之图。故古人说道:一年之计,莫如树谷;十年之计,莫如树木;百年之计,莫如树人。若人家有子孙者,用心教训,则孝敬和睦,相延不了。读书者,可望争气做好官;治家者,可望殷富出头。就是命运稍薄者,亦须立身学好。如树木枝干,栽培不歇,则所结果子,种之别地,生发根苗,亦同甘美。是光前裕后第一件事也。

各安生理、毋作非为条

上来四条,孝亲、敬长、睦乡、教子,是自尽性分的事。其各安生理、毋作非为二句,是远祸的事。盖人生有个身,即饥要食、寒要衣,有个家便仰要事、俯要育,衣食、事育,一时一刻不能少缺。若无生理,何处出办,便须去作非为。然生理各各不同,有大的,有小的,有贵的,有贱的,这个却是生成。命运一定,如草木一样,种子,其所遇时候、所植地土不能一般,便高低长短许多不同。人生在世,须是各安其命,各理其生,如聪明,便用心读书;如愚鲁,便用心买卖;如再无本钱,便习手艺及耕种田地,与人工活。如此,方才身衣口食,父母妻子有所资赖。即如草木之生地虽不同,然勤力灌溉,亦要结收成。若生理不安,则衣食无出,饥寒相迫,妻子相闹,便去做那非理不善的事。求利未得,而害已随之,大则身亡家破,小则刑狱伤残。眼前作恶之人,昭昭有明鉴。

夫此六条,细演其义,不过是欲人为善事,戒恶事。然善恶原无两立之理,若为善之心专一勤笃,则一切非理之事,自是不肯去做。所以,有子说,其为人也孝弟,而好犯上者鲜矣。不好犯上而好作乱者,未有也。可见孝弟是为人的根本,一孝立则百行从,一弟立则百顺聚。

故尧舜以圣帝治天下,而其道也,只是孝弟而已矣。孔子以圣师教天下,而其道也只是孝弟而已矣,而况孝是你各人的父母,弟是你各人的尊长?一家和顺,是你各人自己受福;一家忤逆,是你各人自己受祸。报应无差,神明显赫。务须各悔前非,各修新德,只要依你原日孩提爱敬之良,便可做到圣贤地位。凡我士人,各宜猛省。

孝顺父母诗

父母生来有此身,一身吃尽二亲亲;昊天罔极难为报,何事儿曹不顺亲?

怙恃庞恩,天高地身;烝乂有孝,格彼玩嚣。禽有慈乌,尚能反哺;兽有羔羊,尚能跪乳。祗服未遑,矧伊顺志;懋兹不匮,以永锡类。

尊敬长上诗

贵贱尊卑自有伦,明明令典恪当遵;愚民不识纲常重,甘作清时一罪人。

嗟彼蜂蚁,能知有上;惟彼鸿雁,能知有长。物蠢于人,乃尔有灵;矧伊人矣,不物之能。敬作福基,慢成祸胚;灼有明鉴,尚其勿迷。

和睦乡里诗

物与同胞本是亲,百年烟火对荆榛;出门忧乐还相共,莫把天涯作比邻。

嗓子连阴,鸡犬相闻;剖破藩篱,洽比其邻。村巷园菽,和群者鹿;胡同此乡,不胥其谷。乖气致戾,和则致祥;珍此颓风,以登淳庞。

教训子孙诗

有好子孙方是福,无多田地不为贫;世人只解遗金玉,何不贻谋淑后人。

贻尔典则,克昌厥后;淫佚沉冥,惟家之疚。素丝无怍,玄黄代起;胥悔尔子,式穀以似。宁静致远,浮靡易衰;茂兹令德,永迪遐规。

各安生理诗

本非生涯不可抛,蛩蛩终日漫心劳;穷通贫富皆前定,信步行来自向高。

天生四民,各率其业;淫巧蹶生,竟为驰骋。鼫鼠五枝,狡兔三窟;技多则穷,智多则拙。谋生靡常,惟适所安;无以芳华,易我管窥。

毋作非为诗

人生有欲本无涯,作恶由来一念差;幽有鬼神明有法,身亡家破重堪嗟。

法网重重,密如凝脂;鬼神至幽,挟诈难欺。□悪攸分,起于一念;毫厘少差,砆玞莫辨。慕善若登,畏恶探物;毋遇尔躬,以兑卒瘅。

附件四：徽州部分历史人物资料

鲍漱芳（？—1807）：清代著名徽商。字惜分。歙县人。自幼随父在扬州业盐，为扬州富商之一。热心社会活动，1803年在川、楚、陕三省的最后平乱中，因组织捐输军饷有功，被任命为两淮盐运使，成为握有两淮盐业大权的显要人物。乐善好施，先后多次赈济灾民，被特赐在故乡棠樾修建"乐善好施"牌坊。贾而好儒，曾编书法丛帖《安素轩法帖》，流传甚广。

鲍廷博（1728—1814）：清代著名藏书家和古籍整理专家。字以文。歙县人。酷爱读书和购藏古籍，藏书量为皖南之最。1772年，朝廷开《四库全书》馆，鲍献家藏善本600余种，多系宋元旧版。致力古书整理和校雠，辑有大型丛书《知不足斋丛书》30集207种，是清代水平高、影响大的一部丛书。

程邃（1605—1691）：明末清初著名画家、篆刻家，徽派篆刻代表人物之一。字穆倩。徽州区人。诗书画诸艺造诣均精。他的绘画纯用枯笔渴墨，自成一格；篆刻上从秦大篆入手，兼采何震和文彭诸家之长，成为"皖派"的一代大师。主要作品有：《千峰霁色图》《万木摇秋图》，诗集《萧然吟》《会小吟》及《古蜗篆居印述》4卷。

程大昌（1123—1195）：南宋著名地理学家、经学家。字泰之。休宁县人。1151年中进士，官至吏部尚书。1194年返乡创办"西山书院"。研究领域甚广，著述较多，在经学、文学、历史等方面都有突出建树，特别是地理学研究贡献最大，著有《禹贡论》《禹贡山川地理图》等。《宋史》有传。

程大位（1533—1606）：明代著名数学家、珠算大师。字汝思。屯溪区人。少年经商，中年弃商归里，专心著书。有感于商务往来中珠算的传统筹码计数法的不便，1592年著成《算法统宗》17卷及1598年的简明本《算法纂要》4卷，详述了传统的珠算规则，确立了算盘用法，完善了珠算口诀；搜集了古代流传的595道难题并记载了解题方法，堪称中国16—17世纪数学领域集大成的著作。明末，日本人毛利重能将《算法统宗》译成日文，开日本"和算"之先河；之后，又流传朝鲜、东南亚和欧洲，成为东方古代数学的名著，影响极大。

程君房（1573—1619前后在世）：明代制墨大师。徽州区人。首创"烧漆取烟"，为制墨业拓出了一条全新的路。所制之墨质量超群，以"坚而有光，黝而能润，舐笔不胶，入纸不晕"为特色。对墨的造型设计和对外宣传也很重视，请名家丁云鹏、黄麟联手绘刻的《程氏墨苑》一书,大大提高了墨模的工艺水准。

程兰如(1690—?):清代围棋大师,围棋"新安派"代表。歙县人。清代雍正、乾隆年间,程兰如与梁魏今、施定庵、范西屏并称为盛清四大国手,使中国围棋进入了古代最后一度辉煌。一生留下不少被后人奉为典范的奕谱。晚年,他同韩学元和黄及侣在高岱家中对奕15局棋,辑留成《晚亭奕谱》一书。

程敏政(1444—1499):明代著名文学家。字克勤。休宁县人。1466年中进士,曾官至礼部右侍郎。一生著述很多,在文学方面,主要有《篁墩文集》94卷、《篁墩诗集》15卷、《皇明文衡》100卷等等;在地方史志方面,编辑有《新安文献志》100卷,纂修了《休宁县志》38卷,均有较高的史料价值。《明史》有传。

程瑶田(1725—1814):清代著名学者、徽派朴学代表人物之一。字易田。歙县人。精通训诂,提倡"用实物以整理史料",开启了传统史料学同博物考古相结合的新路。在数学、天文、地理、生物、农业种植、水利、兵器、农器、文字、音韵等领域都有深入研究,堪称一代通儒。著有《通艺录》42卷。《清史稿》有传。

程以蕃(生卒年不详,明成化年间在世):明代著名漆器工艺家,徽漆艺术代表人物。歙县人。擅长高级工艺漆器的制作,如银胎嵌甸、红黑退光等类,制成的漆器效果则以体质紧韧、美观华丽著称,不仅赏心悦目,而且人立其上不见损坏。还善于缀补修复漆器旧物。《安徽通志稿·四巧工传》有传。

崔国因(1831—?):著名外交家。字惠人,自号宣叟。黄山区人。光绪十五年(1889)出使美国、日斯巴尼亚(西班牙)、秘鲁,赏二品顶戴。后又出使欧美各国,著有《出使美日秘三国日记》16卷,是研究近代中外关系史的宝贵资料。《清史稿》有传。

戴震(1723—1777):清代大学者,著名哲学家、思想家,徽派朴学的创建及领袖人物。字东原。屯溪人。徽商出身,1762年曾中举人,后六次考进士,因皆思想与程朱理学不符未中。曾参加《四库全书》修纂,授翰林院庶吉士。学识渊博,在哲学、天文、历算、历史、地理、经学、训诂、音韵等领域均有重大贡献,为一代通儒和宗师,在中国思想史上具有重要影响。其哲学思想是程朱理学之后反理学的启蒙思潮的重要代表;朴学思想是作为了在中国学术史上有着重要地位的乾嘉学派中的皖派领袖人物,并由之开创徽派朴学。著作甚丰,主要著作有《原善》《孟子字义疏证》《仪礼考正》《古历考》《考工图记》《水地记》《勾股割圜记》等50余种。《清史稿》有传。

方腊(?—1121):北宋末年农民义军领袖。歙县人。出身贫苦。为反抗压迫,1120年10月率众在歙县七贤村起义,后迅速移师睦州,举行"漆园誓师",痛斥黑暗朝政,改元"永乐",自号"圣公",建立农民政权。义军战火曾袭卷江浙皖赣六州52县,影响极大。1121年夏被俘遇害。《宋史》有传。

何震（？—1604）：明代著名篆刻艺术家，徽派篆刻创始人之一。字主臣、长卿，号雪渔。休宁县人。对古篆的精髓领悟较深，倡导治篆"应以六书为唯则"，作品以印无讹笔著称，一改其时金石篆界怪异靡俗之习，自辟蹊径，追求书法与刀法一致，"刀随意动，意指刀达"，成"近代名手，海内第一"，同吴派领袖文彭共领一代风骚，人称"文何"。

胡适（1891—1962）：现代著名学者、社会活动家。字适之。绩溪县人。出身徽商之家，1910年留学美国，1915年成为实用主义哲学大师杜威的学生，1917年回国任北京大学教授。学识渊博，曾拥有三十多个博士头衔；1917年发表《文学改良会议》，揭开中国现代文学革命运动的第一页；1918年加入《新青年》编辑部，大力提倡白话文，并撰写现代第一部白话诗集《尝试集》，成为新文化运动的领袖人物之一；1919年，接替陈独秀主编《每周评论》，发表《多研究些问题，少谈些主义》，提出"大胆假设，小心求证"的实用主义方法论，在全国影响极大；提出过"全盘西化"论点；抗战期间曾出使过美国，代表蒋介石签订《中美互助条约》。政治上追随国民党，学术上是一代宗师，著述甚丰，治学方法上具徽派朴学遗风。

胡仔（1110—1170）：宋代著名诗歌理论家。字元任。绩溪县人。编著《苕溪渔隐丛话》100卷，是中国古代诗话总集中的姣姣者，后被收入《四库全书》中。另撰有《孔子编年》5卷。

胡光墉（1823—1885）：清代著名徽商。字雪岩。绩溪县人。早年在杭州经营钱庄，后协助左宗棠创办福州船政局，依靠湘军势力在全国广设当铺和银号，成为富甲江南的特大官商、红极一时的"红顶商人"。创办"胡庆余堂国药号"，为发掘中国药学遗产作出了重大贡献。

胡天柱（1742—1808）：清代制墨名家、胡开文墨业创始人。绩溪县人。商家出身，曾为学徒，后自立墨店。潜心钻研，其制墨与曹素功、汪近圣、汪节庵并称，列清代四大墨家之首。以墨业致富后，曾捐官而获从九品头衔，被赐予奉天大夫，成为正宗绅士。晚年热心公益事业。1915年，其后人所制"地球墨"获巴拿马博览会金奖。

胡正言（1584—1674）：明末清初著名出版家、艺术家，徽派刻书及版画的主要代表人物之一。字曰从。休宁县人。在南京开设"十竹斋"古玩铺，兼营刻书业。创造了"饾版"和"拱花"两种制版印刷技法，开启了中国彩色套版印刷的先河，并将徽派版画艺术推进到一个新阶段。成功地辑印两部套色版画集《十竹斋画谱》和《十竹斋笺谱》，前者为中国历史上第一部大型国画彩印画册，后人曾一再翻印出版。另有《印存》2卷传世。

胡宗宪（1512—1565）：明代大臣、抗倭英雄、著名军事家。字汝贞。绩溪县人。1538年中进士。1555年任浙江巡抚使，后任总督，主持东南沿海抗倭事务，任用名将戚继光和俞大猷，军功卓著。著有《筹海图编》13卷、《海防图论》1卷、《武略神机火药》2卷、《日本国志》40卷。《明史》有传。

黄宾虹（1865—1955）：现代著名山水画家和绘画理论家。字相存，别号虹庐。歙县人。是现代中国画坛上成就卓著的一代宗师，为"新安画派"的现代代表。早年山水画重在师法古代大师，中年以后重在师法自然，70岁后又画风大变。作品深厚华滋，意境深远，精于墨法，善用焦墨与浓墨，与齐白石并存称为"北齐南黄"。在美术理论上，总结出"平、留、圆、重、变"五字笔法和"浓、淡、破、泼、焦、积、宿"七字墨法，具有较高的理论价值。精通诗词。有《黄山画家源流考》《古画微》《画学通论》等多种著述和绘画作品传世。

黄士陵（1849—1908）：晚清著名篆刻家、书画家，徽派篆刻的重要代表人物。字牧甫，别号黟山人。黟县人。是清代印坛的一代宗师，创立了独具一格的"黟山派"。书法和绘画方面成就也很高，运笔犀利，犹如刀刻，并参用了部分西画技法，风格特异，自成一家。有《黟山人黄牧甫先生印存》2卷传世。

黄应组（生卒年代不详）：明代著名木刻艺术家。歙县人。木刻技艺很高，刻有《孔圣家语图集校》《坐隐图》《人镜阳秋》《环翠堂园景图》《环翠堂乐府》等书画等，是徽派版画的杰出代表。他还与寓居南京的著名作家汪廷讷合作，包揽了汪氏大部分作品的木刻任务，由之，其版画风格对金陵版画产生直接影响。

渐江（1610—1664）：明末清初著名画家，新安画派奠基人和领袖。俗名江韬，字六奇，法名弘仁、无智，别号渐江、梅花古衲。歙县人。早年尽心奉养寡母，1645年，清军入徽，曾与邑人金声一道抗清，失败后出家，以僧人身份云游四方，观山水而研画艺。绘画风格上早期受倪瓒影响，后期追求法自自然，"以江南真山水为稿本"。画意清峭，笔墨瘦韧，自创新格，是清初四画僧（即渐江、髡残、石涛、八大山人）之一，在中国绘画史上影响很大。主要作品有：《黄山图》60幅、《晓江风便图卷》《断崖流水图轴》等，并编有《画偈》1卷。《清史稿》有传。

江春（生卒年代不详）：清代著名徽商。字颖长。歙县人。早年习儒应试，后弃儒经商。寓扬州，曾累任两淮盐业总商40年，机敏练达，熟悉盐法，经营管理有方，获得一致好评；曾六次参予接驾乾隆皇帝，并个人捐银30万两，深得乾隆好感，曾为他手书"怡性堂"匾额，邀他参加千叟会，并被授予布政头衔，官居一品，赢得"以布衣上交天子"美誉；生平乐善好施，多建宗祠书院，救济贫寒士子。著有《随书读书楼诗集》和《黄海游录》。

江永（1681—1762）：清代著名学者和教育家。字慎修。婺源县人。无意仕途，致力于哲学、经学、历史、天文、算学、水利、地理及西方新学的研究，开皖派经学家探索科学和实学先河，为宋明理学向乾嘉朴学转化作出了重要贡献。诲人不倦，一代通儒戴震和金榜都是他的入室弟子。著述甚丰，有《音学辨微》1卷、《群经补义》5卷、《律吕阐微》4卷、《礼经纲目》85卷、《江氏算学》9卷、《春秋地理考实》4卷等等。名学者钱大昕誉之为东汉郑玄之后第一人，开创东南儒学一大宗派。

金榜（1735—1801）：清代著名学者、徽派朴学代表人物之一。字辅之。歙县人。早年拜江永为师，与戴震和程瑶田同学。1772年中状元，被任命为翰林院编撰。辞官后潜心研究经史和小学，并著书讲学，师从者众。尤对古代三礼之学研究精透，著有《礼笺》3卷，令戴震叹服。《清史稿》有传。

凌廷堪（1752—1808）：清代著名经学家和音律学家。字次仲。歙县人。自学成才，曾参与《四库全书》的编纂。1790年中进士，任宁国府学教授。学问渊深广博，在古代礼制和乐律方面造诣突出，著有《礼经释例》13卷、《燕乐考原》6卷、《梅边吹笛谱》2卷等等。《清史稿》有传。

罗愿（1136—1184）：宋代著名史志学家。字端良。徽州区人。1166年中进士，官至鄂州知事。1175年撰《新安志》，增设了艺文、人物、民风等项，开一代志书新风。他提出修志要重民生、同民利等思想，对后代修志者也产生积极影响。

马曰琯（1687—1755）：清代著名徽商、藏书家。字秋玉。祁门县人。侨居扬州经营盐业，建小玲珑山馆，广交天下名流，郑板桥等人是常客；喜考校典籍，不惜费资刻印图书；家中藏书多达10余万卷，1772年四库全书馆设立，其儿子向朝廷献书776种，为全国私人献书之冠。《清史稿》有传。

苏雪林（1897—1999）：现代著名作家。曾用笔名"苏梅""灵芳女士""肖青"等。黄山区人。足跨清王朝至20世纪90年代末。早在1915年就投入于文学创作，"五四"以后更趋活跃，是"五四"新文学的开拓者之一。1921年曾留学法国，归来后先后在东吴大学、沪江大学、安徽大学、武汉大学任教。作品和著作甚丰，总字数超过300万字。她是与冰心、凌叔华、沅君、丁玲等齐名的"五四"后文坛五大女性作家之一。

陶行知（1891—1946）：著名教育家。原名文浚，乳名和尚，曾改名知行，再改名行知。歙县人。1927年创办南京晓庄师范，提出"生活即教育"、"社会即学校"、"教学做合一"的生活教育理论体系。后又相继创办浙江省湘湖师范、江苏淮安新安小学、山海工学团，并支持新安小学生组成新安旅行团。"一·二九"运动后，与沈钧儒等发起组织上海文化界救国会和全国各界救国联合会，任联合会执行委员和常务委员。1946年与李公仆、史良等在重庆创办社会大学，任校长。后回上海从事反内战、反独裁民主运动，1946年7月25日因劳累过度，患脑溢血逝世。毛泽东称赞他为"伟大的人民教育家"，宋庆龄尊称他为"万世师表"。主要著作有《中国教育改造》《古庙敲钟录》《斋夫自由谈》《行知诗歌集》等。

汪机（1463—1539）：明代杰出的医学家，新安医学奠基人之一。字省之。祁门县人。一生精研医理，提出"补气即是补阴"和"气虚则诸病由生"两大观点，在中医医论方面有独创价值。著述较多，有《医学原理》等多部医书传世；学生将他行医的经验汇编为《石山医案》，为后人提供了珍贵的实用参考书。

汪道昆（1525—1593）：明代著名戏曲文学家、抗倭名将。字伯玉。徽州区人。1547年中进士，曾官至兵部左侍郎。文韬武略，曾配合戚继光大败倭寇；为文则是简而有法，作诗风骨俱佳，为明代文坛"后五子"代表人物之一。著有《太函集》120卷等，创作的杂剧传世的有《高唐梦》、《唐明皇七夕长生殿》等五种。另著有《北虏纪略》1卷、《数钱叶谱》1卷等。《明史》有传。

汪廷讷（1573—1619）：明代著名戏曲家、版画家，徽派版画的重要代表人物之一。字昌期。休宁县人。是一位集商人、官员和文人于一身的人物，尤其醉心于戏曲创作，著有《人镜阳秋》、《环翠堂集》等。作品能避免当时的派别门户之见，兼采临川、吴江诸派之长，在曲坛别树一帜。曾在南京设环翠堂书坊，刊刻书籍，插图精美，对明代木刻版画艺术有相当大的影响。

王茂荫（1798—1865）：清代财政专家、马克思《资本论》中提到的唯一的中国人。字椿年。歙县人。1832年中进士，任户部右侍部、工部侍郎、吏部右侍郎等职。1851年至1853年三次上奏请改币制，均遭驳回，后遭鞭挞，马克思在《资本论》第一卷第一篇附注中就是提到此事。有《王侍郎奏议》10卷及《皖省褒忠录》传世。《清史稿》有传。

吴谦（生卒年代不详）：清代前期著名医学家。字六吉。歙县人。博识多学，精通各科，尤以伤科见长，被称为疗伤整骨"一代圣手"。康熙年间，与张璐、喻嘉并称为全国三大名医，曾担任太医院判。乾隆时曾被敕令为《医宗金鉴》名著的总修官。该书共90卷，1742年完成，之后一直为学习中医者的必读书。著《订正伤寒论法》和《订正金匮要略法》，均有许多独到见解，对后代医家启发很大。

吴鲁衡（1702—1760）：清代著名工匠，"万安罗盘"创造者之一。休宁县人。雍正年间，在万安镇创设"吴鲁衡罗经店"，融制作和经营为一体。所制罗盘、日晷、指南针，精益求精，承古法而创新，产品随徽商足迹走遍全国，并先后传入东南亚和欧美。1915年在巴拿马万国博览会上万安罗盘获金质奖章，成为一种驰名世界的产品。

徐春甫（1520—1596）：明代著名医学家，新安医学的代表人物之一。字汝元。祁门县人。在内科、妇科和儿科方面造诣很深，并以"治病奇中"著称。1568年，在北京成立"一体堂宅仁医会"，是世界上第一个民间医学组织。著作有《妇科心镜》等8种，其中，1556年编成的《古今医统大全》100卷影响最大，有185万字，是中国古代十大医学全书的第一本。

许国（1527—1596）：明代著名政治家。字维桢。歙县人。1565年中进士。一生历嘉靖、隆庆、万历三朝。曾任礼部尚书兼东阁大学士，加封太子太保，授文渊阁大学士，又因平定云南边乱决策得当，晋升少保，授武英殿大学士。生前特批修建许国石坊，并留存至今。著有《许文穆公集》16卷。《明史》有传。

许承尧（1874—1946）：近现代著名诗人与史志学家。字际唐，号疑庵。徽州区人。

1904年进士及第,授翰林院编修,为中国"末代翰林"之一。重视乡邦文献的整理,自任总编纂、编修出版了《歙县志》16卷,集历代歙县方志之大成。撰编《歙事闲谈》30卷等,为后人研究歙县历史和民情提供了宝贵的资料。去世后家人遵遗嘱,将所有藏品和手稿都捐献给了安徽省博物馆。

俞燮(1775—1840):清代著名学者,徽派朴学的后期代表。字理初。黟县人。1821年中举人,晚年主讲江宁惜阴书院。学问渊博,在经学、史学、小学、考据、文学、天文、数学等方面均有突出贡献,为清代一代大儒。与林则徐等共反西方侵略及提倡妇女解放。代表性作品有:论文汇集《癸巳类稿》15卷、《癸巳存稿》15卷,《续行水金鉴》160卷、《黟县志》16卷等等。《清史稿》有传。

詹天佑(1861—1919):近代著名铁路工程专家、中国铁路事业的创始人。字春诚。婺源县人。早年家贫,后获岳父资助赴欧洲留学。1905—1909年,主持建造了中国第一条自己设计自己施工的铁路——京张铁路,创造了不少施工新法,为中国培养了第一批铁路工程专家,奠定中国铁路事业基础。

张曙(1909—1938):现代著名音乐家。原名恩袭。歙县人。是中国革命大众音乐的开创者之一,同时也是优秀的作曲家,创作了200多首歌曲,其中象《洪波曲》《大刀进行曲》《丈夫去当兵》《日落西山》《芦沟桥》组曲七首等在全国影响很大,代表了那个时代的民众心声。

张小泉(生卒年代不详):明末清初著名制剪工匠。黟县人。明崇祯年间,张小泉带领儿子前往杭州开设"张大隆"剪刀铺,并创造了独树一帜的嵌钢制剪技术,产品很快畅销全国,后为防假冒,以"张小泉"作为店名。"张小泉"剪刀在乾隆年间被列为贡品,1915年巴拿马万国博览会获二等奖,新中国三次全国评比均获第一名。

郑玉(1298—1358):元代学者、教育家,新安理学的代表人物之一。字子美。歙县人。精通儒学经典,对《春秋》解悟尤其透彻。一生绝意仕途,安居乡间,以讲学为生。筑有师山书院,人称"师山先生"。著有《师山文集》8卷。《元史》有传。

郑复光(1780—约1862):清代著名科学家。字元甫、瀚香。歙县人。精通数学、物理与机械制造。1846年写成《镜镜詅痴》5卷,集当时中西光学知识大成。在完成此书的基础上,制造了中国最早的一台测天望远镜。另著有《郑元甫札记》(手抄本)、《郑瀚香遗稿》(手抄本)。《安徽通志稿》有传。

郑之珍(1518—1595):明代著名戏曲家。字汝席。祁门县人。所作戏曲作品以《目连救母劝善戏文》最有名,其分上、中、下3卷,共102折,是一种可连续多天演出的连续剧,可分可合,在民间影响很大,为"目连戏"跻身于戏曲大家庭中以作为一个独特的种类奠定基础。另一传世作品是《五福记》。

朱升(1299—1370)：元末明初著名学者、政治家。字允升。休宁县人。1341年中举后，任池州路学政。不久，避乱弃官，归隐歙县石门山，教化乡里，时人称为"枫林先生"。1357年曾进言朱元璋"高筑墙，广积粮，缓称王"九字方针，对朱明王朝的建立起重要作用。治学宗法程朱，尤擅经学，于《五经》皆有旁注。著作存目12种，有《枫林集》10卷、《周易旁注前图》2卷等传世。《明史》有传。

朱熹(1130—1200)：南宋大学者，我国著名思想家、教育家，理学集大成者。字元晦，号晦庵、晦翁，别号紫阳。婺源县人。1148年考中进士，曾任秘书修撰、宝文阁待制等职。死后谥赠大师，封徽国公。仕途多坎坷，潜心治学。研究领域甚广，在哲学、经学、教育、音韵、文学、地理、考古、自然科学等方面都有伟大贡献，其思想体系在中国思想史上是以"致广大、尽精微、综罗百代"著称。与程颢、程颐等共创的理学史称"程朱理学"，为继孔子之后在中国思想界影响七、八百年之久的正统官方哲学，远涉海外，影响世界；重视教育，创办书院，所撰《白鹿洞书院揭示》对后代教育事业影响深远；著述巨丰，其中《四书集注》58卷是明清两代科举考试的"圣典"；常以"新安朱熹"署名著述，讲学于徽州，从其弟子者众，"朱子之学"也就构成了"新安理学"的开山之学，并进而构成徽州文化的理性内核。《宋史》有传。

参考文献

（以音序排序）

（崇祯）济阳江氏宗谱. 明崇祯17年刻本. 上海图书馆藏.

（崇祯）临溪吴氏族谱十卷. 崇祯14年刻本. 上海图书馆藏.

（崇祯）汪氏重修统宗谱. 明崇祯间刻本. 上海图书馆藏.

（崇祯）休宁叶氏族谱十卷. 明崇祯4年刻本. 上海图书馆藏.

（道光）徽州府志. 中国地方志集成·安徽府县辑[M]. 南京：江苏古籍出版社, 1998.

（道光）休宁县志. 中国地方志集成·安徽府县辑[M]. 南京：江苏古籍出版社, 1998.

（光绪）婺源县志. 中国地方志集成·安徽府县辑[M]. 南京：江苏古籍出版社, 1998年影印本。

（嘉靖）戴氏家谱不分卷. 明嘉靖21年刻本. 上海图书馆藏.

（嘉靖）绩溪积庆房葛氏族谱八卷. 明嘉靖44年刻本. 上海图书馆藏.

（嘉靖）祁门金吾谢氏宗谱. 明嘉靖9年刻本. 上海图书馆藏.

（嘉靖）祁门善和程氏谱十四卷. 明嘉靖24年刻本. 上海图书馆藏.

（嘉靖）新安汪氏重修八公谱. 明嘉靖14年刻本. 上海图书馆藏.

（嘉靖）新安休宁约山黄氏开国谱. 明嘉靖28年刻本. 安徽省图书馆缩微室藏胶卷.

（嘉靖）新安左田黄氏正宗谱. 明嘉靖37年刻本. 安徽省图书馆缩微室藏胶卷.

（嘉庆）绩溪县志. 中国地方志集成·安徽府县辑[M]. 南京：江苏古籍出版社, 1998.

（嘉庆）黟县志. 中国地方志集成·安徽府县辑[M]. 南京：江苏古籍出版社, 1998.

（康熙）祁门县志. 中国地方志集成·安徽府县辑[M]. 南京：江苏古籍出版社, 1998.

（民国）歙县. 中国地方志集成·安徽府县辑[M]. 南京：江苏古籍出版社[M]. 1998.

（明）戴廷明. 程尚宽等. 新安名族志[M]. 合肥：黄山书社. 2004..

（明）金瑶. 粟斋文集. 四库全书存目丛书补编.

（明）陆深. 俨山集. 文渊阁四库全书.

（明）祁门文堂乡约家法. 隆庆六年刻本.

（明）王世贞. 宾州四部. 文渊阁四库全书.

（清）方东树. 考槃集文录. 续修四库全书.

（清）何应松、方崇鼎.道光休宁县志[M].南京：江苏古籍出版社，1998.

（清）汪由敦.松泉集.文渊阁四库全书.

（清）吴翟.茗洲吴氏家典[M].合肥：黄山书社，2006.9.

（清）夏銮.徽州府志：（道光）.重修徽州府志序[M].南京：江苏古籍出版社，1998.

（清）赵吉士.万青阁自汀文集.四库全书存目丛书.

（天启）新安休宁山斗程氏本枝谱.明天启6年刻本.上海图书馆藏.

（同治）祁门县志.中国地方志集成·安徽府县辑[M].南京：江苏古籍出版社，1998.

（万历）槐塘程氏宗谱十二卷.明万历14年刻本.上海图书馆藏.

（万历）三田李氏宗谱.万历42年刻本.中国国家图书馆藏.

（万历）歙县蓝田余氏宗谱.明万历25年刻本.上海图书馆藏.

（万历）新安潘氏宗谱不分卷.明万历间刻本.上海图书馆藏.

（万历）郑氏族谱.明万历21年抄本.上海图书馆藏.

（万历）重修新安济阳江氏家谱.明万历32年刻本.安徽省图书馆缩微室藏胶卷.

安国楼、王志立.司马光书仪与朱子家礼之比较[J].河南社会科学，2012（10）.

安国楼.朱熹的礼仪观与朱子家礼[J].郑州大学学报（哲学社会科学版），2005（1）.

卞利.徽州文化全书.徽州民俗[M].合肥：安徽人民出版社，2005.

卞利.明清徽州社会研究[M].安徽大学出版社，2004.

曹天生.重向新安问碧流——多重视角下的徽商研究[M].北京：经济科学出版社，2010.

常建华.宋元时期徽州祠庙祭祖的形式及其变化[J].徽学.2000.

常建华.宗族志[M].上海人民出版社，1998.

常建华著.明代宗族组织化研究仁[M].北京：故宫出版社，2012.

陈柯云.明清徽州的修谱建祠活动[J].徽州社会科学，1993.

陈柯云.明清徽州宗族对乡村统治的加强[J].中国史研究.1995.

陈力丹.试论人际传播[J].西南民族大学学报（人文社科版），2006（10）.

陈瑞.明清时期徽州宗族祠堂的控制功能[J].中国社会经济史研究，2007.

陈瑞.朱熹《家礼》与明清徽州宗族以礼治族的实践[J].史学月刊，2007（3）.

陈晓虎.文明的印痕——中国文化探微[M].北京：中央民族大学出版社，2004.

陈燕.人际传播：符号互动论与社会交换论的比较研究[D].合肥：安徽大学，2007.

丁钢.近世中国经济生活与宗族教育[M].上海：上海教育出版社，1996.

杜晓利.富有生命力的文献研究法[J].上海教育科研，2013（10）.

恩格斯.家庭、私有制和国家的起源.马克思恩格斯选集[M].北京：人民出版社，1995.

方春生.浅谈徽州祠堂的历史演变[J].黄山学院学报，2009（04）：}-8.

方静. 解读徽州[M]. 合肥: 合肥工业大学出版社, 2009.

费成康. 中国的家法族规[M]. 上海: 上海社会科学院出版社, 1998.

费孝通. 乡土中国[M]. 北京: 人民出版社, 2008.

冯尔康. 中国古代的宗族和祠堂[M]. 北京: 商务印书馆, 1996.

冯尔康. 中国宗族社[M]. 杭州: 浙江人民出版社, 1994.

冯友兰. 中国哲学简史[[M]. 北京: 新世界出版社, 2004.

高玉娜. 从朱子家礼看朱熹的孝道主张[D]. 合肥: 安徽大学, 2012.

葛兆光. 中国思想史[M]. 上海: 复旦大学出版社, 2000.

郭建斌. 独乡电视: 现代传媒与少数民族乡村日常生活[M]. 济南: 山东人民出版社, 2005.

韩兆琦. 史记[M]. 北京: 中华书局, 2007.

何巧云. 清代徽州祭祖研究[D]. 安徽大学, 2010.

胡戟. 中华文化通志. 礼仪志[M]. 上海: 上海人民出版社, 1998.

胡易容. 赵毅衡编. 符号学——传媒学词典[M]. 南京: 南京大学出版社, 2012.

黄宽重. 家族与社会[M]. 北京: 中国大百科全书出版社, 2005.

黄来生. 中国徽派三雕[M]. 北京: 中国文史出版社, 2005

江慧萍. 明清时期徽州宗族祠祭研究[D]. 安徽大学, 2014

姜红. "仪式"、"共同体"与"生活方式"的建构. 另一种观念框架中的民生新闻[J]. 新闻与传播研究. 2009. .

解光宇. 朱子理学与徽学[M]. 长沙: 岳麓书社, 2010.

孔伟. 中国韬略大典·颜氏家训[M]. 北京: 中国国际广播出版社, 1997.

李成贵. 传统农村社会宗法制度的理性审视[J]. 民俗研究, 1994.

李琳琦. 徽州教育[M]. 合肥: 安徽人民出版社, 2005.

李文治. 江太新著. 中国宗法宗族制和族田义庄[M]. 北京: 社会科学文献出版社, 2000.

梁洪生. 地方历史文献与区域社会研究[M]. 北京: 中国社会科学出版社, 2010.

梁治平. 清代习惯法: 社会与国家[M]. 北京: 中国政法大学出版社, 1996.

林济. 明代徽州宗族精英与祠堂制度的形成[J]. 安徽史学, 2012(06): 90-97.

刘伯山. 叶成霞. 长三角一体化背景下的乡村治理. 传统徽州乡村社会治理机制的价值与意义[J]. 学术界. 2021.

刘道胜. 徽州方志研究[M]. 合肥: 黄山书社, 2010.

刘广安. 论明清的家法族规[J]. 中国法学, 1988.

刘广明著. 宗法中国—中国宗法社会形态的定型完型和发展动力[M]. 南京: 南京大学

出版社, 2011.

刘和惠. 明代徽州农村社会契约初探[J]. 安徽史学, 1989.

刘华. 论家法族规的法律整合作用[J]. 社会科学, 1994.

刘建明. "传播的仪式观"与"仪式传播"概念再辨析: 与樊水科商榷[J]. 国际新闻界, 2013（4）.

刘黎明. 祠堂·灵牌·家谱[M]. 成都: 四川人民出版社, 2003.

刘蒙之. 美国的人际传播研究及代表性理论[J]. 国际新闻界, 2009（3）.

刘蒙之. 治疗视野下的西方人际传播研究概述[J]. 新闻与传播评论, 2012.

刘森. 传统农村社会的宗子法与祠堂祭祀制度. 兼论徽州农村宗族的整[J]. 中国农史, 2002.

陆林. 凌善金. 焦华富著. 徽州村落[M]. 合肥: 安徽人民出版社, 2018.

陆林. 凌善金. 焦华富. 徽州文化全书·徽州村落[M]. 合肥: 安徽人民出版社, 2005.

陆林. 凌善金. 焦华富. 王莉. 徽州古村落的景观特征及机理研究[J]. 地理科学, 2004.

马勇虎著. 和谐有序的乡村社区. 呈坎[M]. 合肥: 合肥工业大学出版社, 2005

潘靖. 徽州地区城乡婚俗比较研究[D]. 合肥: 安徽大学, 2013.

钱杭. 血缘与地缘之问[M]. 上海: 上海社会科学院出版社, 2001.

芮必峰. 人际传播: 表演的艺术. 欧文·戈夫曼的传播思想[J]. 安徽大学学报（哲学社会科学版）. 2004（4）.

芮必峰. 人类社会与人际传播. 试论米德和库利对传播研究的贡献[J]. 新闻与传播研究. 1995（6）.

史凤仪. 中国古代婚姻与家庭[M]. 武汉: 湖北人民出版社, 1987.

束景南. 朱子大传[M]. 北京: 商务印书馆, 2003.

司马光. 司马氏书仪（丛书集成初编本）[M]. 北京: 中华书局, 1985.

唐力行. 徽州文化全书·徽州宗族社会[M]. 合肥: 安徽人民出版社, 2005.

唐力行. 明清徽州的家庭与宗族结构[J]. 历史研究. 1991.

唐力行. 商人与文化的双重度奏. 徽商与宗族社会的历史考察[M]. 武汉: 华中理工大学出版社, 1997.

汪道昆. 太函集. 明刻本. 四库全书存目丛书. 影印本.

王鹤鸣、王澄著. 中国祠堂通论[M]. 上海: 上海古籍出版社, 2013.

王鹤鸣. 中国家谱通论[M]. 上海: 上海古籍出版社, 2010.

王坤庆. 现代教育哲学[M]. 武汉: 华中师范大学出版社, 1993.

王美华. 家礼与国礼之间:《朱子家礼》的时代意义探析[J]. 史学集刊. 2015（1）.

王树人.象思维与原创性论纲[J].哲学研究,2005(3).

王树人.回归原创之思象思维视野下的中国智慧[M].南京:江苏人民出版社,2005.

王朔柏、陈意新.从血缘群到公民化:共和国时代安徽农村宗族变迁研究[J].中国社会科学.2004.

王廷元、王世华著.徽商[M].合肥:安徽人民出版社,2005

王怡红.论人际传播的定名与定义问题[J].新闻与传播研究,2015(7).

王振忠著.徽学研究入门[M].上海:复旦大学出版社,2011.

吴士奇.绿滋馆稿.四库全书存目丛书.

徐少锦.中国历代家训大全[M].北京:广播电视出版社,2000.

徐晓望.论明清时期官府和宗族的相互关系[J].厦门大学学报.1985.

徐扬杰.中国家族制度史[M].北京:人民出版社,1992.

许水涛.清代族规家训的社会功能.清史研究集[M].北京:中国人民大学出版社,1997.

薛可.余明阳.人际传播学[M].上海:上海人民出版社,2012.

严桂夫、王国健.徽州文化全书·徽州文书档案[M].合肥:安徽人民出版社,2000.

阎国华.试论我国古代早期教育思想[J].河北大学学报.1989.

颜军.明清时期徽州族产经济初探.以祁门善和程氏为例.明史研究[M].合肥:黄山书社,1997.

杨天宇.礼记译注[M].上海:上海古籍出版社,2004.

姚邦藻.徽州学概论[M].北京:中国社会科学出版社,2000.

喻本伐、熊贤君.中国教育发展史[M].武汉:华中师范大学出版社,1998.

翟学伟.人情面子与权力的再生产[M].北京:北京大学出版社,2013.

张海鹏,王廷元.徽商研究[M].合肥:安徽人民出版社,1995.

张华侨.拯救乡土文明[M].武汉:湖北人民出版社,2008.

张小平著.聚族而居柏森森.徽州古祠堂[M].沈阳:辽宁人民出版社,2002.

张燕婴译注.论语[M].北京:中华书局,2007.

章迎尔.符号理论与建筑的符号性[J].同济大学学报(社会科学版),2000.

赵华富.从徽州宗族资料看宗族的基本特征[J].谱碟学研究.书目文献出版社,1995.

赵华富.徽州宗族研究[M].合肥:安徽大学出版社,2004.

赵华富.两骚集[M].合肥:黄山书社,1999.

赵华富.论徽州宗族祠堂[J].安徽大学学报.1996(02).

赵华富.论徽州宗族繁荣的原因[J].民俗研究.1993.

赵华富.徽州宗族研究[M].合肥:安徽大学出版社,2004.

赵新良.中华名祠.先祖崇拜的文化解读[M].沈阳:辽宁人民出版社,2013.

赵焰.行走新安江[M].合肥:安徽大学出版社,2011.

赵焰.徽州老建筑[M].合肥:安徽大学出版社,2011.

赵焰.徽州梦忆[M].合肥:安徽大学出版社,2011.

赵焰.思想徽州[M].合肥:安徽大学出版社,2011.

赵忠心.中国古代的早期家庭教育[J].华东师范大学学报,1987.

郑建新.解读徽州祠堂——徽州祠堂的历史和建筑[M].北京:当代中国出版社,2009.

郑秦.清代法律制度研究.北京:中国政法大学出版社,2000.

郑振铎.中国古代木刻画史略[M].上海:上海书店出版社,2010.

中国社会科学院语言研究所词典编辑室.现代汉语词典[M].北京.商务印书馆,2016.

周绍泉.窦山公家议校注[M].合肥:黄山书社,1999.

周绍泉.明清徽州祁门善和程氏仁山门族产研究[J].谱牒学研究.文化艺术出版社,1991.

周绍泉、赵华富.国际徽学学术讨论会论文集[M].合肥:安徽大学出版社,1997.

周晓光.徽州文化全书.新安理学[M].合肥:安徽人民出版社,2005.

朱熹著、王燕均、王光照校点.家礼[M].上海:上海古籍出版社,1999.

朱学军.徽商与徽州教育[J].徽州社会科学.1993.

朱永春.徽州建筑[M].合肥:安徽人民出版社,2005

朱勇.清代宗族法研究[M].长沙:湖南教育出版社,1987.

宗韵.明代家族上行流动研究[M].上海:华东师范大学出版社,2009.

后　记

本著是安徽省高校人文社科项目（项目批号SK2016SD56）的最终成果。同时，为体现科研成果转化为教学资源，以科研成果助力和丰富人才培养内容，本著亦是安徽省质量工程项目一流本科人才示范引领基地（项目批号2020rcsfjd37）立项建设成果。

因为教学，走进了徽州；因为思考，爱上了徽州。彳亍于徽州山水人间，古朴悠远中，时光荏苒，就似学校门前率水的水，从远古流来，静悄悄地流淌进当下人们的心田，一年又一年，让我缱绻心醉。

多少年了，徽州这方粉墙黛瓦、烟霞百里与好贾而儒、灿若星辰之地，获得了人们太多太多的赞美。其实，徽州的美好确实难于言表。"深巷重门人不见，道旁犹自说程朱。"元人赵时勉的诗句，也就刚刚触摸到徽州的深邃与厚重。本著的这一点点思考和阐释，对于徽州文化，连沧海之一粟都谈不上。

本著即将付梓之际，特别感谢参阅了他们成果的熟悉或不甚熟悉的友人、专家、学者，感谢黄山学院文化与传播学院"图像徽州网"提供的部分图片，以及为本著提供资料和思路的同事们！

本著的出版得到了出版社领导与编辑老师的大力支持。尤其是王左佐老师，对本著的编辑和出版付出了艰辛的劳动，在此致以崇高的敬意！

路善全
2021年5月